Der Regelvorgang bei Kraftmaschinen

auf Grund von Versuchen
an Exzenterreglern

Von

A. Watzinger und **Leif J. Hanssen**

Dr.-Ing., Professor der Norweg. Technischen Hochschule in Trondhjem

Dipl.-Ing., Assistent am Laboratorium für Wärmekraftmaschinen der Norweg. Technischen Hochschule in Trondhjem

Mit 82 Abbildungen

Berlin
Verlag von Julius Springer
1923

ISBN-13: 978-3-642-89323-0 e-ISBN-13: 978-3-642-91179-8
DOI: 10.1007/978-3-642-91179-8

Softcover reprint of the hardcover 1st edition 1923

Inhaltsübersicht.

Einleitung.

Bei Reglern, die durch die Rückdruckkräfte der Steuerung in eine schwingende Bewegung versetzt werden, entstehen durch das Zusammenwirken der Eigenreibung des Reglers und der pendelnden Rückdruckkräfte Widerstände im Regler, die der Geschwindigkeit der Reglerbewegung annähernd proportional sind. Diese Widerstände wirken in ähnlicher Weise wie eine Ölbremse dämpfend auf die Reglerbewegung. Auf das Auftreten derartiger Kräfte weist Prof. Dr. Stodola in seiner grundlegenden Untersuchung: Das Siemenssche Regulierprinzip und die amerikanischen Inertieregulatoren, in dem Abschnitte: Die größte Geschwindigkeitsschwankung[1]), hin.

Die vorliegende Arbeit, die ihren Ausgang in experimentellen Aufnahmen des Regelvorganges bei vier verschiedenen Exzenterreglern nimmt, gibt eine Berechnung der Größe und Art dieser Widerstände in ihrer Abhängigkeit von dem Charakter der Rückdruckschwingung und der Eigenreibung des Reglers und führt an Hand der experimentellen Untersuchungen den Nachweis, daß diese Widerstände den wesentlichsten Teil der Verstellkräfte des Reglers erfordern. Insbesondere sind ihnen gegenüber die zur Beschleunigung der Reglermassen aufzuwendenden Kräfte in den weitaus überwiegenden Fällen verschwindend klein.

Auf Grund dieser Erkenntnis werden Gleichungen für die Bewegung des Reglers und für die Umdrehungszahlschwankung aufgestellt, die, wie die Nachprüfung an Hand der Versuchsergebnisse zeigt, mit dem wirklichen Regelvorgang gut übereinstimmen. Ausgehend von diesen Gleichungen wird erörtert, in welcher Weise die für den Regler charakteristischen Größen: Fliehkraft, Reglerausschlag und Eigenreibung, sowie Steuerungsrückdruck und Anlaufzeit der Maschine den Regelvorgang beeinflussen, und es wird mit Einführung des Begriffes „Grenzwert des Ungleichförmigkeitsgrades“ ein Mittel gegeben, durch richtige Wahl dieser zum Teil voneinander abhängigen Größen den Verlauf der Reglerbewegung und der Umdrehungszahlsschwankung für jede beliebige Belastungsänderung beim Entwurf des Reglers annähernd festzulegen.

Die Berechnung der Reglerbewegung, ausgehend von der Gleichsetzung der auftretenden Verstellkräfte mit den zur Beschleunigung des Reglers aufzuwendenden Kräften und unter völliger Vernachlässigung der erwähnten, der Reglergeschwindigkeit annähernd proportionalen Widerstände — wie sie in der bisherigen Reglerliteratur gegeben wird —, muß auf Ergebnisse führen, die von den wirklichen Bewegungsverhältnissen weit abweichen.

Die Bestimmung des Arbeitsvermögens des Reglers erfolgt abweichend von dem üblichen Rechnungsgang aus der Forderung einer Begrenzung der Rückdruckpendelungen, wobei die Dämpfungsmethoden durch Masse, Reibung und Ölbremse in ihrem Einfluß auf die Abmessungen des Reglers und die Empfindlichkeit der Regelung vergleichend erörtert werden.

---

[1]) Z. V. d. I. 1899, S. 514.

Die vorliegenden Untersuchungen gelten zunächst für Exzenterregler, bei denen der unmittelbare Zusammenbau der Steuerung mit dem Regler bedeutende Rückdruckkräfte im Regler hervorruft, haben jedoch bei sinngemäßer Anwendung für alle Regler (auch Muffenregler) Bedeutung, insoweit überhaupt Rückdruckkräfte in den Regler übertragen werden. Dies ist meist der Fall, da es einerseits schwierig ist, Regler völlig rückdruckfrei anzuordnen, und da es andrerseits gar nicht erwünscht ist, dies zu erreichen, insofern die Empfindlichkeit der Regelung durch die Rückdruckpendelungen in erheblichem Maße gesteigert wird[1]).

Die den Ausgangspunkt der nachfolgenden Untersuchungen bildenden experimentellen Erhebungen an Exzenterreglern wurden in dem Laboratorium für Wärmekraftmaschinen der norwegischen Technischen Hochschule in Trondhjem in den letzten Jahren ausgeführt. Nach vorausgehenden Versuchen an verschiedenen Reglern wurde eine erste Klärung des Zusammenhangs gewonnen durch die von Assistent Diplom-Ing. Leif Sölsnæs September 1918 bis Mai 1919 durchgeführten Versuche an einem von der Jahns-Regulatoren-Fabrik in Offenbach gelieferten Regler der Hochdruckseite der liegenden Verbunddampfmaschine des Laboratoriums sowie einzelnen Versuchen an dem Regler der Tandem-Lokomobile von R. Wolf in Magdeburg-Buckau. Auf Grund der erlangten Versuchsergebnisse wurde unter Mitwirkung von Ingenieur Sölsnæs ein besonderer Versuchsregler mit verhältnismäßig großer Trägheitswirkung im Laboratorium ausgeführt, der in einer stehenden Einzylinderdampfmaschine mit Kolbenschiebersteuerung eingebaut wurde. Die zur Ausführung des Versuchsreglers und zur Durchführung der Untersuchungen erforderlichen Mittel wurden in dankenswerter Weise von dem Fond der Technischen Hochschule zur Verfügung gestellt.

Bei dem Versuchsregler wurde größtmögliche Einfachheit des Aufbaues angestrebt mit der ohne Anwendung prismatischer Führungen erreichbaren kleinsten Zahl von Gelenken und ohne Belastung der Reglerzapfen durch Fliehkraft und Federkraft. Die Versuche an diesem Regler, die von Assistent Diplom-Ing. Leif J. Hanssen Herbst 1920 und Frühjahr 1922 durchgeführt wurden, ergaben in ihrer weiteren Verarbeitung die vorliegenden Ergebnisse.

---

[1]) Isaachsen, Die Bedingungen für eine gute Regulierung. Berlin: Julius Springer 1899, und Das Regulieren von Kraftmaschinen, Z. V. d. I. 1899, S. 913.

1. Die untersuchten Reglertypen und die Anordnung der Versuche.

a) Bauart und Abmessungen der untersuchten Exzenterregler und ihr Zusammenbau mit der Steuerung.

Zur Untersuchung kamen vier verschiedene Exzenterregler, die hinsichtlich der Anordnung der Pendelmasse zwei prinzipiell verschiedenen Gruppen angehören. Bei dem im Laboratorium gebauten Versuchsregler Abb. 1 und dem von der Firma Hartung, Kuhn & Co. in Düsseldorf gelieferten Regler Abb. 3 schwingen

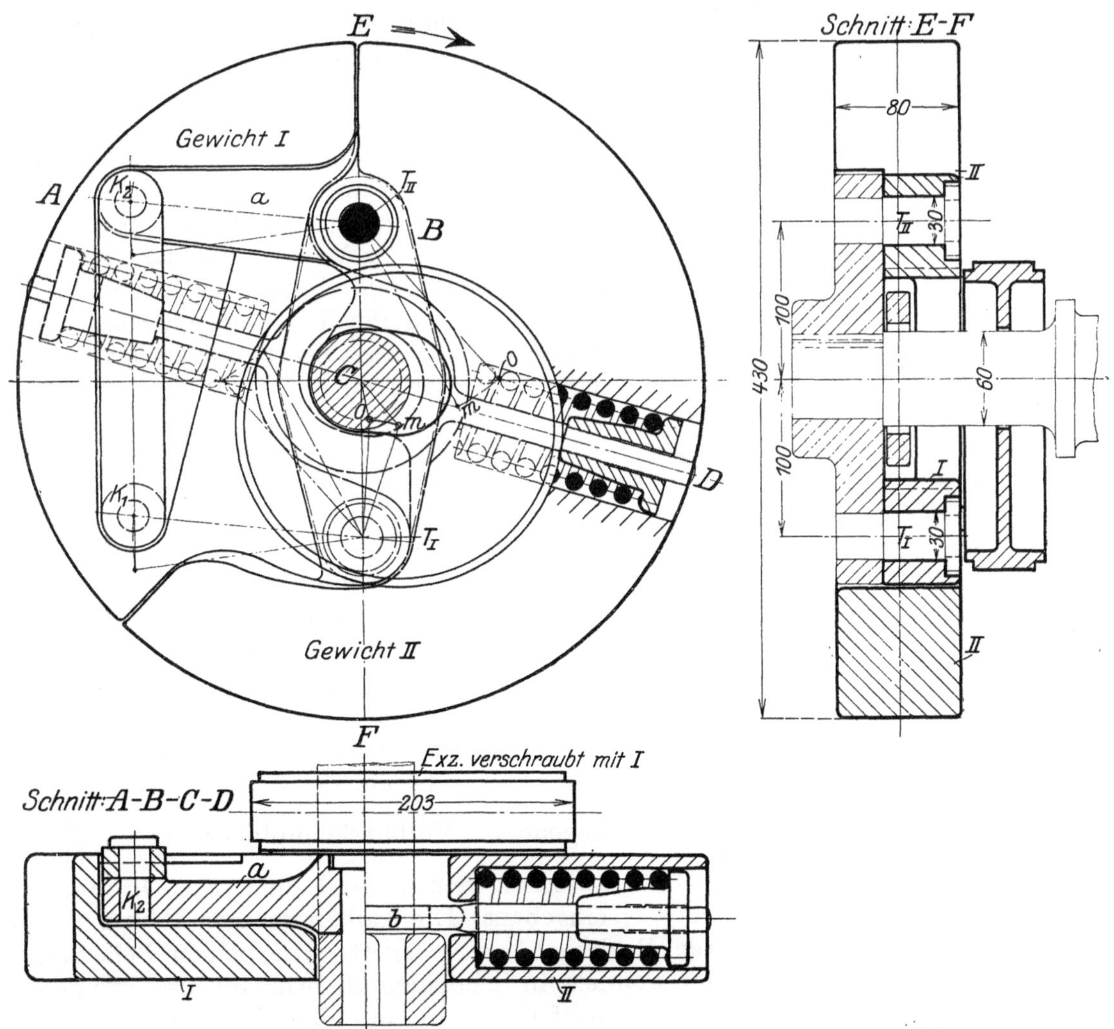

Abb. 1. Versuchsregler der stehenden Einzylinderdampfmaschine $\frac{190}{240}$.

Gewichte der Pendel . . . . 35,65 und 35,80 kg.
Gesamte Trägheitswirkung J_r im Mittel $2 \times 9{,}25$ kg cm sek².

die Pendelmassen des Reglers je um einen relativ zur Maschinenachse festen Drehpunkt, während bei dem Wolfregler Abb. 5 und dem Jahnsregler Abb. 7 die Pendelmassen je in zwei Punkten geführt sind, unter Anwendung prismatischer oder Schwingenführung.

Die für die Beurteilung des Reglers und der Steuerung wichtigsten Angaben sind den Abbildungen beigefügt. Hinsichtlich der Bauart der Regler sei folgendes bemerkt:

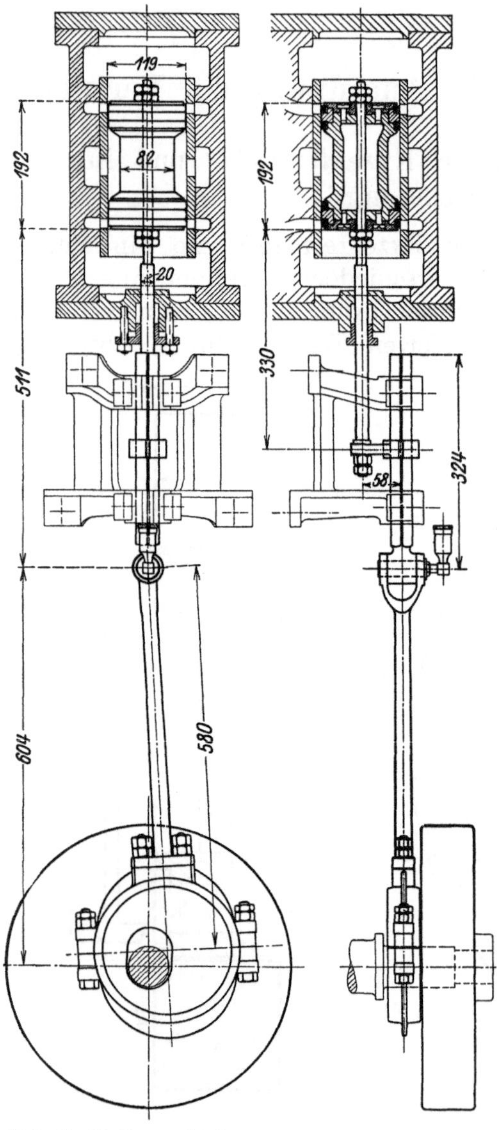

Der Versuchsregler, Abb. 1, ist am Ende der Maschinenachse einer stehenden Einzylinderdampfmaschine von 190 mm Zylinderdurchmesser und 240 mm Hub eingebaut. Die Reglerpendel schwingen um Zapfen T_1 und T_2, die in einem auf der Maschinenachse aufgekeilten Arm eingesetzt sind. Die beiden Federn liegen radial und stützen sich innen gegen das Reglerpendel, außen gegen Federteller ab. Die Verbindungsstange *b* der Federteller bewirkt den Kraftausgleich der Federn. Beim Pendelausschlag werden die Federn infolge der kraftschlüssigen Verbindung von den Pendeln mitgenommen, und die Federachse fällt in allen Reglerstellungen mit der Richtung der Fliehkraft der Pendel zusammen. Die Federachse führt beim Ausschlag der Gewichte eine Winkeldrehung aus, die etwas größer ist wie der Winkelausschlag des Pendels. Der Pendeldrehpunkt ist gegen Fliehkraft und Federkraft völlig entlastet. Die Beharrungswirkung der Pendelgewichte wird nahezu vollkommen zur Verstellung des Exzenters nutzbar[1]).

Das Exzenter ist mit Pendel I fest verbunden, die Kraftwirkung des zweiten Pendels wird durch das Parallelogramm $T_1 K_1 K_2 T_2$ überführt. Bei der in Abb. 1 angegebenen Drehrichtung des Reglers bedingt diese Exzenteranordnung eine nach außen gekrümmte Verstellkurve. Mit dem Regler ist eine einfache Kolbenschiebersteuerung, Abb. 2, verbunden.

Abb. 2. Kolbenschiebersteuerung der stehenden Einzylindermaschine, zum Regler Abb. 1.
Gewicht von Schieber und Schieberstange 12,50 kg.
Gewicht der Exzenterstange mit Exzenterbügel 8,07 kg.

Der Regler von Hartung, Kuhn & Co., Düsseldorf, Abb. 3, ist auf der Maschinenachse einer liegenden Verbunddampfmaschine $\frac{265 \cdot 410}{500}$ zwischen Schwungrad und ND-Hauptlager eingebaut. Die Aufhängezapfen T_1 und T_2 der Reglerpendel sind in dem festen Reglergehäuse gelagert. Die beiden Belastungsfedern stützen sich an den beiden Pendeln in Schneiden ab. Am Gehäuse erfolgt die Befestigung durch Vermittlung einer Blattfeder *B*, die mit Gleitklötzen *G* in prismatischen Angüssen des Reglergehäuses geführt ist. Durch Verschiebung der Blattfeder

[1]) Die Ausführung des Versuchsreglers ist durch Patent geschützt.

wird die Richtung der Federachse und damit der Ungleichförmigkeitsgrad geändert. Die Masse und Fliehkraft der Pendel kann durch eingelegte und verschraubte eiserne Scheiben verändert werden, wobei der Schwerpunkt sich von S (ohne Scheiben)

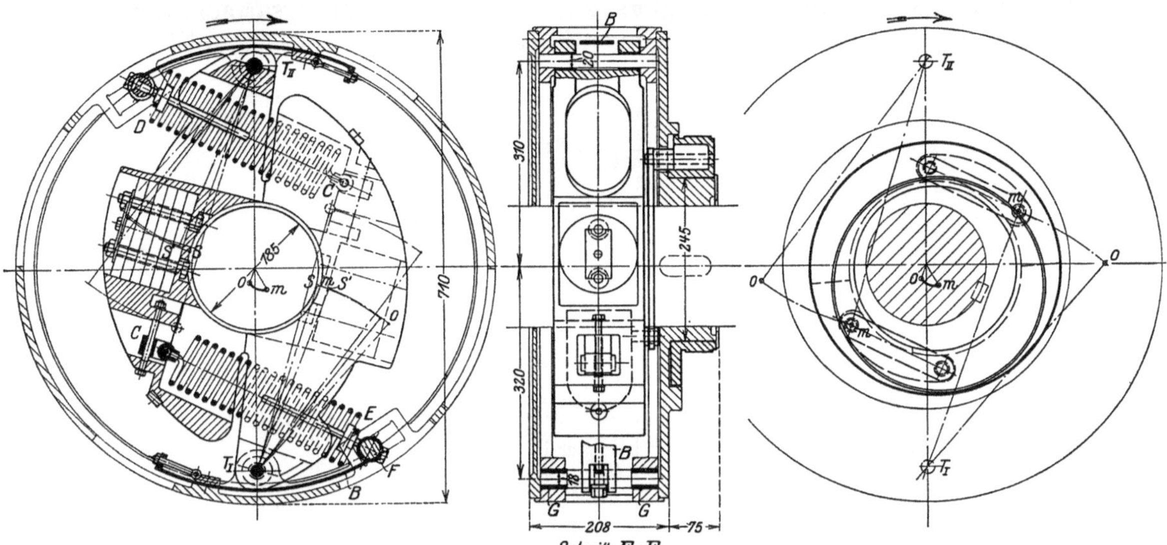

Abb. 3. Regler von Hartung, Kuhn & Co. zur Niederdrucksteuerung der liegenden Verbunddampfmaschine $\frac{265 \cdot 410}{500}$.

Gewichte der Pendel . . . . $G_1 = 71{,}69$ bis $112{,}73$ kg.
$G_2 = 77{,}89$ bis $112{,}66$ kg.
Gesamte Trägheitswirkung im Mittel $J_{r1} = 31{,}0$ bis $44{,}3$ kg cm sek².
$J_{r2} = 29{,}7$ bis $44{,}5$ kg cm sek².

nach S' (mit allen Scheiben) verlegt. Die Reglerzapfen sind von den Resultierenden der Fliehkraft und Federkraft belastet. Die Beharrungswirkung der Pendelgewichte wirkt gegen die von der Fliehkraft eingeleitete Verstellbewegung.

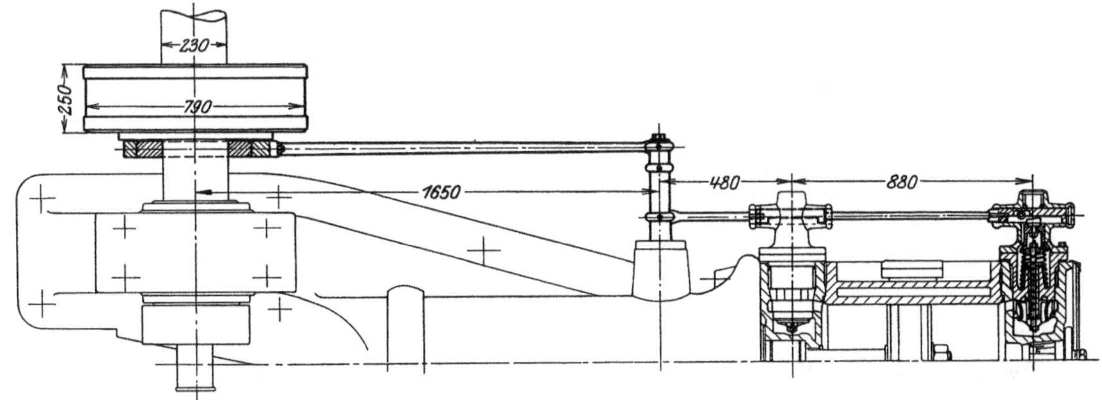

Abb. 4. Ventileinlaßsteuerung des Niederdruckzylinders der liegenden Verbunddampfmaschine zum Regler Abb. 3.

Gewicht der Exzenterstange . . . . 50,25 kg.
Gewicht der Überführungsstange . . 27,40 kg.

Das Steuerexzenter stützt sich auf einem auf der Achse aufgekeilten Exzenter ab und wird von beiden Pendeln durch Lenker verdreht.

Mit dem Regler ist die Ventileinlaßsteuerung des ND-Zylinders, Abb. 4, verbunden. Die Niederdruckseite wurde während der Versuche als Einzylindermaschine betrieben.

Der Regler der A.-G. R. Wolf, Magdeburg-Buckau, Abb. 5, ist über den Kröpfungsarmen der gekröpften Welle einer Tandemlokomobile $\frac{125 \cdot 250}{280}$ eingebaut. Die beiden Pendelgewichte des Reglers sind zu den Kröpfungsarmen annähernd parallel geführt mit Hilfe einer Schwingenführung in A um die im Gehäuse festen

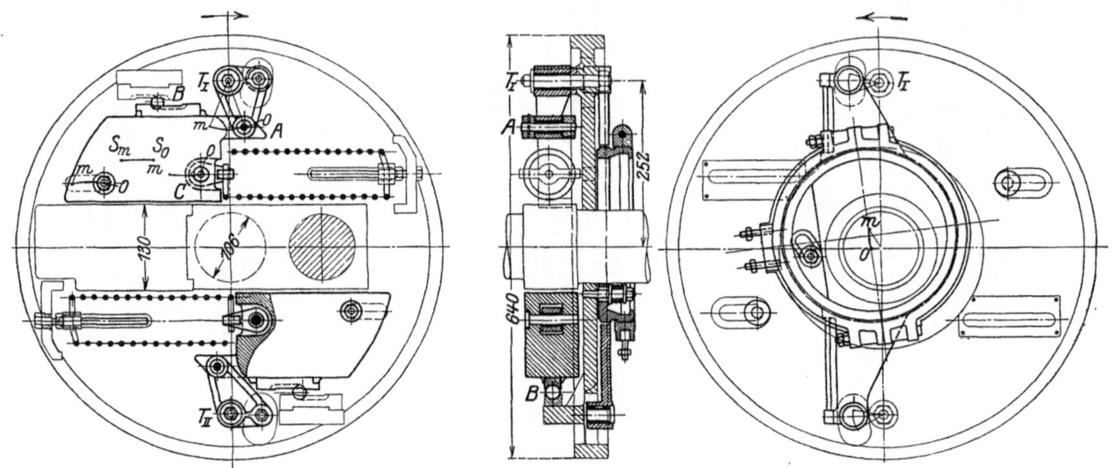

Abb. 5. Regler der Tandem-Lokomobile $\frac{125 \cdot 250}{280}$ von R. Wolf AG., Magdeburg-Buckau.
$G_1 = G_2 = 18{,}94$ kg.

Drehpunkte T_1 und T_2 und einer prismatischen Führung mit Kugelabstützung in B. Die Feder greift am Pendel in C an und ihre Achse läuft parallel zum Kröpfungsarm. Die Beharrungswirkung der Pendelmassen wird für die Verstellung nutzbar. Das Exzenter wird parallel geführt durch Schwingen und dient zum Antrieb der einfachen Kolbenschiebersteuerung, Abb. 6, des HD-Zylinders der Tandemlokomobile.

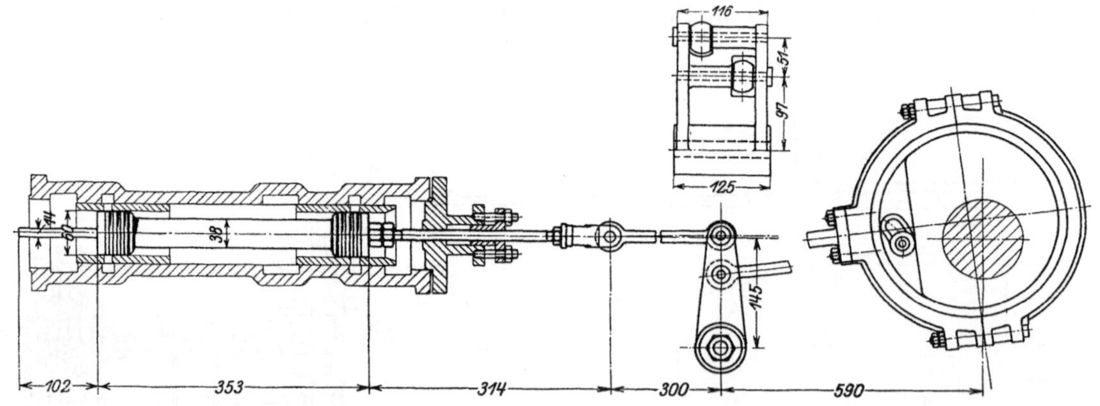

Abb. 6. Kolbenschiebersteuerung des Hochdruckzylinders der Tandem-Lokomobile zum Regler Abb. 5.

Der Regler der Jahns-Regulatoren-Fabrik in Offenbach, Abb. 7a und b, ist auf der HD-Seite der liegenden Verbunddampfmaschine auf einer besonderen zur Zylinderachse parallelen Reglerachse eingebaut. Das Reglergehäuse ist als Trägheitsring ausgeführt und stützt sich in zwei Gleitlagern auf der Reglerachse ab. Jedes der beiden Reglerpendel ist in zwei Punkten durch Gleitklotz und prismatische Führung geführt, nämlich um einen Zapfen T in dem auf der Reglerachse aufgekeilten Arm R und um einen Zapfen Z im Trägheitsring. Die Pendelgewichte sind auf beiden Seiten zwischen ebenen Flächen an den Deckeln des Trägheitsringes geführt.

Die radial angeordneten Federn stützen sich innen gegen die Reglerpendel, außen gegen Federteller, die im Trägheitsgehäuse abdichtend eingesetzt sind. Bei der Winkeldrehung des Reglergehäuses werden die Reglerpendel annähernd parallel zu den Federn geführt, so daß Feder und Fliehkraft annähernd einander entgegen

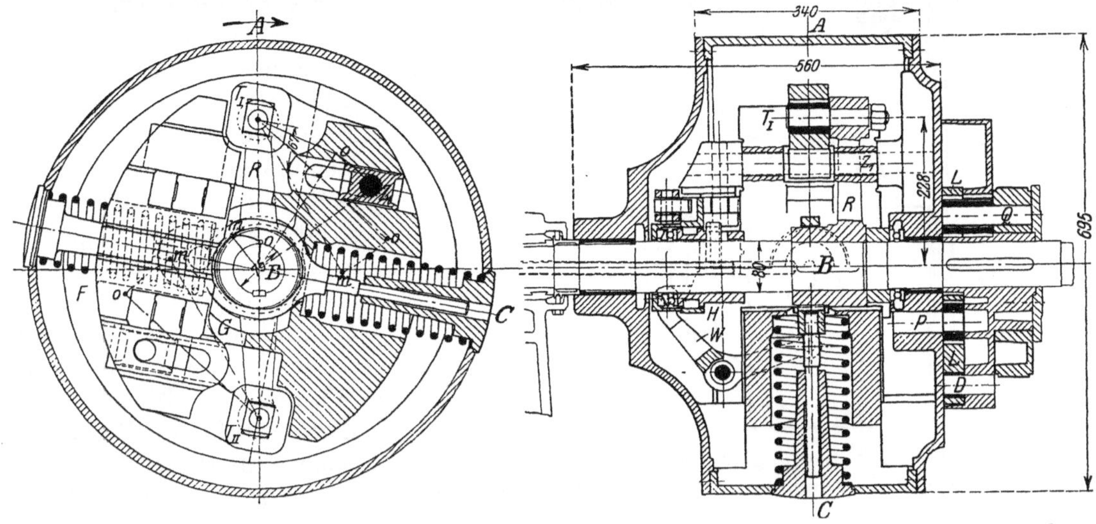

Abb. 7a. Regler der Jahns-Regulatorenfabrik in Offenbach a. M. zur Steuerung der liegenden Verbunddampfmaschine $\frac{265 \cdot 410}{500}$.

Gewichte der Pendel	83,6 und 83,9 kg.
Trägheitswirkung der Pendel im Mittel . .	$2 \times 39{,}5$ kg cm sek².
Gewicht des Trägheitsringes	290,5 kg.
Trägheitswirkung des Trägheitsringes . . .	174,5 kg cm sek².

wirken. Außer der Beharrungswirkung des Trägheitsringes wird bei der gewählten Drehrichtung auch die Beharrungswirkung der Pendelgewichte nahezu ganz zur Verstellung des Reglers nutzbar.

Das Steuerexzenter wird durch Zapfen P im Trägheitsring auf einem auf der Reglerachse festen Exzenter verdreht. Die Bewegung des Trägheitsringes wird vom

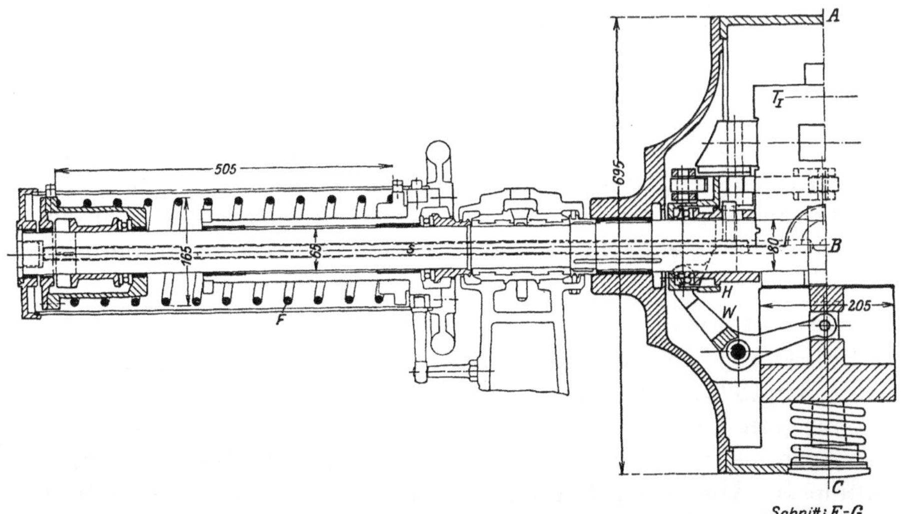

Abb. 7b. Jahnsregler: Anordnung zur Verstellung der Umdrehungszahl.

Zapfen P durch zwei Gleitklötze in einem Lenker L, der um den festen Drehpunkt D schwingt, auf den Zapfen Q des Steuerexzenters übertragen. Die Gleitklötze gleichen die entgegengesetzte Krümmungsbahn des Führungspunktes P am

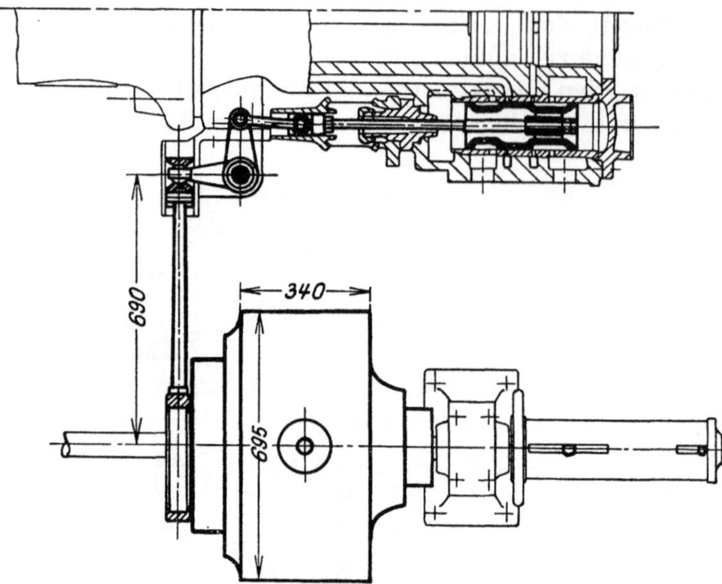

Abb. 8. Kolbenschiebersteuerung für den Einlaß des Hochdruckzylinders der liegenden Verbunddampfmaschine zum Regler Abb. 7.

Gewicht von Schieber mit Stange und Kreuzkopf 13,45 kg.
Gewicht der Exzenterstange . . . . 24,40 kg.

Trägheitsring und des Angriffspunktes Q am Exzenter aus, so daß eine nach außen gekrümmte Verstellkurve erzielt wird.

Zur Veränderung der Umlaufzahl des Reglers während des Ganges der Maschine ist außerhalb des Reglers eine die verlängerte Reglerachse umgreifende axiale Feder F angeordnet, Abb. 7b, deren Belastung durch eine Stange S im Innern der Reglerachse und Hülse H auf zwei Winkelhebel W und von diesen auf die Pendelgewichte überführt wird. Die Federspannung wird durch Drehung des äußeren Handrades (durch Veränderung der Federlänge) verändert.

Der Regler ist mit der Kolbenschiebersteuerung für den Einlaß des HD-Zylinders der liegenden Verbunddampfmaschine verbunden, Abb. 8. Die Niederdruckseite der Maschine wurde während der Versuche ausgeschaltet.

b) Anordnung der Versuche.

Die mit den Reglern ausgeführten Versuche beruhen auf dem Gedanken, in einem bestimmten Regler die verschiedenen Faktoren zu verändern, die den Regelvorgang beeinflussen. Zu diesem Zweck ist jeder Regler mit verschiedenen Federn zur Veränderung der Umlaufzahl und des Ungleichförmigkeitsgrades ausgerüstet. Die inneren Widerstände des Reglers konnten durch Reibungsbremse (bei Regler Abb. 1 und 5) oder durch zusätzliche Zapfenbelastungen (bei Regler Abb. 3 und 7), erhöht werden. Bei Regler Abb. 3 konnte auch die Masse der Pendelgewichte verändert werden. Die rückwirkenden Kräfte der Steuerung wurden durch Veränderung der Reibungs- und Massenwiderstände der Steuerung beeinflußt.

Die Versuchsanordnung ist für alle Untersuchungen grundsätzlich die gleiche und ist für den einfachsten Fall der stehenden Einzylinderdampfmaschine in Abb. 9 wiedergegeben.

Es wurden bestimmt:

1. Die Belastung der Maschine (B). Als Belastungsmaschine dient bei den Reglern, Abb. 3 und 7, der liegenden Verbundmaschine und dem Regler, Abb. 5, der Lokomobile ein Gleichstromgenerator von 70 kW Normalleistung bei 500 Volt Spannung mit doppeltem Riementrieb und Transmission. Die stehende Einzylinderdampfmaschine A, Abb. 9, wird durch einen Gleichstromgenerator B von 25 kW Leistung bei 250 Volt Spannung belastet. Beide Generatoren arbeiten ohne Spannungsregler.

Die Leistung wird durch zwei Spannrollengetriebe C und D und in Kugellager laufende Transmission übertragen. Die Aufnahme der Belastung erfolgt durch Drahtwiderstand E mit zahlreichen Stromunterbrechern.

Die Stromstärke und Spannung wird fortlaufend aufgezeichnet mit Hilfe von Strom- und Spannungsschreibern F und G von Dr. Th. Horn, Leipzig-Großzschocher (sog. Schnellschreiber)[1].

Die aus den aufgenommenen Stromstärke- und Spannungswerten berechnete elektrische Belastung wurde durch Division mit dem Produkte aus dem Wirkungsgrade des elektrischen Generators, der Transmission und der Riemenübertragung auf die Belastung an der Maschinachse umgerechnet.

2. Die Leistung der Maschine (L). Die Leistung der Maschine wurde bei den Vorversuchen als indizierte Leistung durch Aufnahme von Indikatordiagrammen mit fortlaufenden Indikatoren bestimmt. Um die bei der üblichen Anordnung der käuflichen Schaltwerke auftretende Verzerrung der Diagramme zu vermeiden, wurde nur jedes zweite Diagramm (und zwar wechselweise für jede Zylinderseite) unter

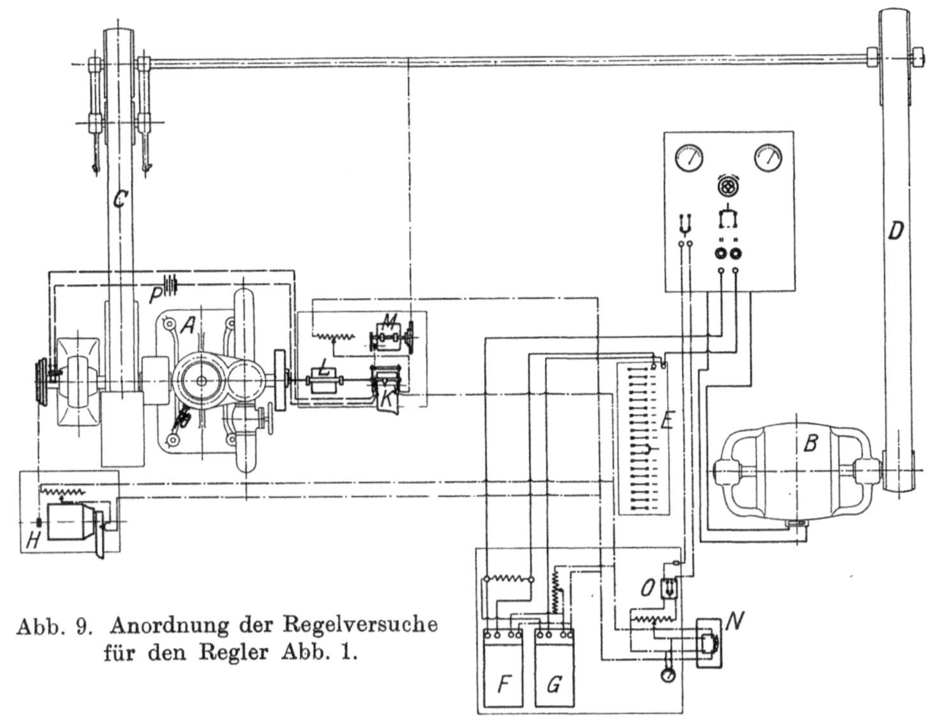

Abb. 9. Anordnung der Regelversuche für den Regler Abb. 1.

Ausschaltung des Schaltwerks geschrieben, während in der zwischenliegenden Zeit der Papiertransport eingekuppelt und das Papier verschoben wurde. (Instrumentumbau im Laboratorium.) Die Methode wechselnden Schreibens und Schaltens gibt gegenüber der üblichen Schaltung den Vorteil einer sicheren Feststellung der Diagrammform.

Für Regelversuche ist aber die direkte Bestimmung der indizierten Leistung umständlich, und sie wurde deshalb durch folgende Überlegung ersetzt. Die Leistung der Maschine, bezogen auf die Maschinenachse, ist jederzeit gleich der Belastung der Maschine, bezogen auf die Maschinenachse, vermehrt oder vermindert um die kinetische Energie, welche die Maschine aufnimmt oder abgibt. Es kann also die Leistung unmittelbar aus der Belastung der Maschine abgeleitet werden, wenn das Trägheitsmoment der umlaufenden Teile der Maschine bekannt ist. Die Ermittlung dieses Trägheitsmoments erfolgte experimentell in folgender Weise:

Durch Ersatz der Reglerfedern durch Holzstücke wurde der Regler in der Stellung einer mittleren Füllung und Belastung festgespannt. Hiermit wird die

[1]) Abgebildet in Z. V. d. I. 1912, S. 220, Abb. 10 und 11.

Leistung der Maschine für eine Umdrehung, d. h. ihr Drehmoment konstant, während die von der Maschine abgegebene Arbeit der minutlichen Umlaufzahl proportional ist. Die Unveränderlichkeit der Dampfdiagrammform wurde durch dauernde Indizierung kontrolliert. Anfänglich läuft die Maschine mit einer bestimmten Umdrehungszahl n_1, die einer bestimmten Belastung zugehört, die mit Hilfe der Volt- und Ampereschreiber festgestellt wurde. Bei Verminderung des im Belastungskreise

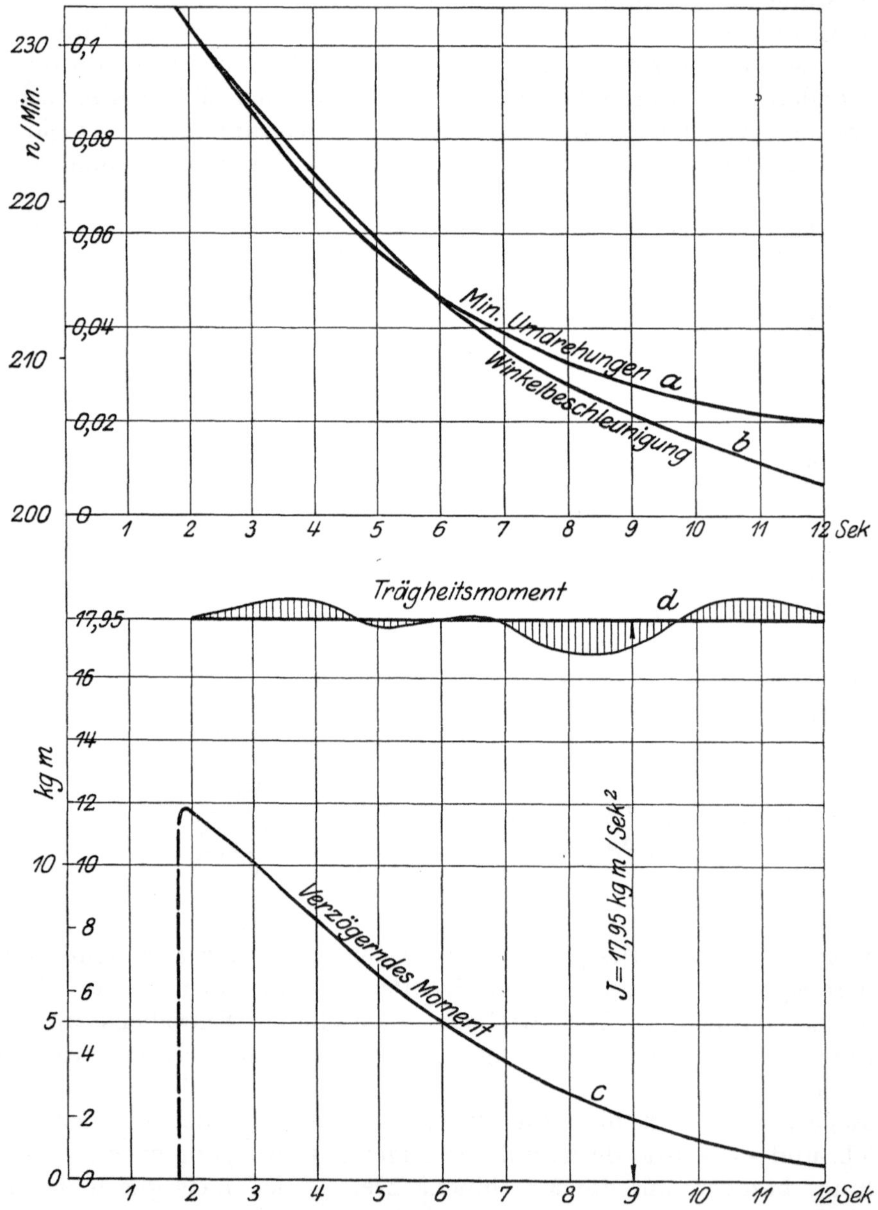

Abb. 10. Ermittlung des Trägheitsmomentes der umlaufenden Teile der Maschine.

eingeschalteten Widerstandes steigt die Belastung, und die Maschine wird verzögert. Hierbei sinkt die Spannung und Stromstärke des elektrischen Generators, bis die Belastung wieder der Leistung entspricht und die Maschine eine neue Gleichgewichtslage erreicht hat. Aus dem zeitlichen Verlauf der während des Überganges aufgenommenen Umdrehungszahlkurve a, Abb. 10, kann durch Derivation die Verzögerung $d\omega/dt$ der Maschine als Funktion der Zeit bestimmt werden, Kurve b. Aus den Kurven der Stromstärke und Spannung ist in jedem Zeitaugenblicke die

Belastung in kW bekannt, und das Belastungsmoment ergibt sich hieraus nach der Formel: $M_b = 1{,}36 \cdot \mathrm{kW} \cdot 716/n$. Wird von dem Belastungsmoment M_b das unveränderliche Drehmoment der Maschinenleistung M_l in Abzug gebracht, so ergibt sich das verzögernde Moment $M = M_b - M_l$, Kurve *c* in Abb. 10. Nun ist $M = J \cdot d\omega/dt$. Es kann also das Trägheitsmoment J der umlaufenden Massen der Dampfmaschine einschließlich Transmission und Generator aus den Beobachtungswerten abgeleitet werden:

$$J = \frac{M}{d\omega/dt},$$

Abb. 10, Kurve *d*. Die berechneten Werte pendeln etwas um den Mittelwert infolge kleiner Ungenauigkeiten der zeichnerischen Derivation.

3. Die minutliche Umdrehungszahl der Maschine (n), aufgezeichnet mit Tachograph H, Abb. 9, der von der Hauptachse der Maschine durch Riemen angetrieben wurde. Als Tachograph diente das bekannte Instrument von Dr. Th. Horn[1]).

4. Die Bewegung des Reglerpendels (z) wurde durch eine Schnur auf einen Schreibstift überführt, der die Bewegung auf einer fortlaufenden Papierrolle K aufzeichnet (Abb. 9). Die Schnur wird durch eine Feder L in Spannung erhalten. Der Antrieb der Papierrolle erfolgt von der Maschine durch Riemenüberführung M. Als Ableitungspunkt der Schnur ist der Schwerpunkt des einen Reglerpendels gewählt, so daß die aufgezeichnete Kurve unmittelbar die Schwerpunktsbewegung des Pendels in radieller Richtung, d. h. in Richtung der Fliehkraft angibt. Da bei diesem Regler die Feder radiell angeordnet ist und der Fliehkraft direkt entgegenwirkt, gibt die Kurve des Reglerwegs auch zugleich die Zusammendrückung der Feder und damit die Veränderung der Federkraft an.

Bei der liegenden Verbundmaschine und bei der Lokomobile wurde die Schnur bei Regler Abb. 3 und 5 durch besonders hergestellte zentrale Bohrungen der Maschinenachse hindurchgeführt, bei Regler Abb. 7 wurde die Bewegung von der Stange S in Abb. 7b entnommen. Bei diesen Reglern konnte nicht wie bei 1 die Schwerpunktsbewegung selbst aufgezeichnet werden. Es wurde daher die Bewegung eines anderen Punktes aufgezeichnet und aus diesem die Schwerpunktsbewegung abgeleitet. Da bei diesen Reglern Feder- und Fliehkraft nicht wie bei dem Versuchsregler direkt einander entgegenwirken, mußte auch die Federzusammenpressung durch Reduktion ermittelt werden.

5. Auf den durch Uhrwerke einzeln betätigten Papierstreifen der Apparate F, G, H und K wurde die Zeit vermerkt durch Elektromagnete, die in dem in Abb. 9 strichpunktiert eingezeichneten Stromkreis mit einem Sekundenpendel N[2]) liegen. Der Strom zu diesem Kreis wurde entweder von einem Umformer geliefert oder von einer Akkumulatoren-Batterie, deren Spannung durch Spannungsteilung eingestellt wurde. Im Stromkreis wurde ein Stromunterbrecher O eingeschaltet, um zusammengehörige Zeitpunkte auf den verschiedenen Streifen hervorheben zu können.

6. Bei einem Teil der Versuche wurde auf dem Streifen der Reglerbewegung z die Totpunktlage der Dampfmaschine durch elektrischen Kontakt im Stromkreis der Batterie P vermerkt, um (bei Untersuchung des Einflusses der rückwirkenden Kräfte auf den Regelvorgang) genau feststellen zu können, in welchem Augenblicke die Belastungsänderung erfolgte.

2. Der Vorgang einer Belastungsänderung.

Von den in Abschnitt 1b angeführten Apparaten wurden die Veränderungen der Belastung, der Umlaufzahl und der Reglerstellung aufgezeichnet. Die Instru-

[1]) Abgebildet in Z. V. d. I. 1912, S. 220, Abb. 12.

[2]) Geliefert von Max Kohl, A.-G., Chemnitz.

mente sind durchweg so raschschreibend, daß sie den Schwankungen mit großer Genauigkeit folgen. Als Beispiel der Verwertung der aufgenommenen Kurven zum Studium des Regelvorgangs ist in Abb. 14, S. 15, der Vorgang einer Belastungsänderung, und zwar einer Entlastung, wiedergegeben. (Die Kurven gehören zu den Versuchen am Jahnsregler Abb. 7.) Die Darstellung der Abb. 14 wird aus der anschließenden Erörterung des Verlaufs des Regelvorgangs verständlich.

Solange Belastung der Maschine und Dampfarbeit, beide bezogen auf die Kurbelwelle, im Mittel einer Umdrehung gleich groß sind, ist auch die mittlere Umdrehungszahl der Maschine unverändert. Unter Voraussetzung unveränderlicher Druck- und Temperaturgrenzen der Dampfarbeit entspricht somit einer bestimmten Leistung der Maschine eine bestimmte Umdrehungszahl. Diese ist für verschiedene Leistungen durch den Ungleichförmigkeitsgrad festgelegt, der seinerseits abhängig ist von dem Gleichgewichtszustande der inneren Kräfte des Reglers (Federkraft + mittlere rückwirkende Kraft) und der Fliehkraft der Pendelgewichte. Entspricht bei einer bestimmten Dampfarbeit die Umdrehungszahl der Maschine dem Gleichgewichtszustande des Reglers, so treten keine Kräfte im Regler auf, die bestrebt sind, die Leistung zu verändern. Das beschleunigende Moment auf die Maschinenachse und die Verstellkraft sind null.

Tritt eine Belastungsänderung ein, z. B. eine Entlastung von B_1 auf B_2, Abb. 11, so ist die neue Belastung B_2 nicht im Gleichgewicht mit der Dampfarbeit L_1, deren Füllungsgröße noch nicht vom Regler verstellt ist. Der Unterschied zwischen Leistung und Belastung $(L_1 - B_2)$ bringt ein Moment auf die Maschinenachse hervor, das bei Entlastung die Maschinenachse beschleunigt, bei Belastung verzögert. Das Schwungrad der Maschine und ihre umlaufenden Teile nehmen den Belastungsunterschied in Form von Bewegungsenergie auf. Ohne Eingreifen des Reglers würde die Umdrehungszahl der Maschine ansteigen, wobei die Raschheit des Anstiegs von der Größe der umlaufenden Massen, d. h. vom Trägheitsmoment J der Maschine abhängig ist. Bei einem Belastungsunterschied $(L - B)$ in Pferdestärken und der ursprünglichen Winkelgeschwindigkeit der Maschine $\omega = \pi n/30$, ist das beschleunigende Moment:

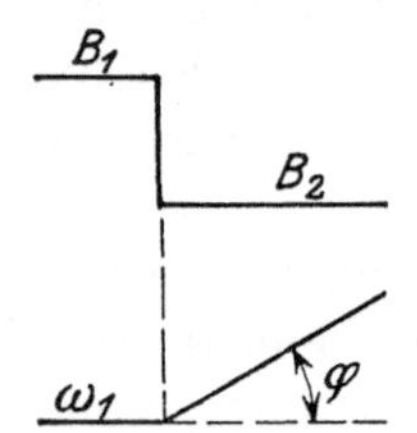

Abb. 11. Belastungsänderung von B_1 auf B_2 und Änderung der Umlaufzahl ohne Eingreifen des Reglers.

$$M = \frac{75}{\omega}(L - B) = I\frac{d\omega}{dt}.$$

Die Winkelbeschleunigung der Maschine ist also:

$$\frac{d\omega}{dt} = \frac{75}{J\omega}(L - B).$$

Ist die Größtleistung der Maschine (in Innenlage des Reglers) N und $(L - B) = \lambda N$ die Belastungsänderung in Teilen der Größtleistung und bezeichnet

$$T = \frac{I\omega^2}{75\,N}$$

in sek die A n l a u f z e i t der Maschine (d. h. die Zeit, in welcher die Maschine bei größter Füllung und ohne Belastung vom Stillstand aus die normale Winkelgeschwindigkeit ω erreicht), so ist die Beschleunigung:

$$\frac{d\omega}{dt} = \frac{\omega}{T} \cdot \lambda = \operatorname{tg} \varphi$$

mit φ als Neigungswinkel der ansteigenden Winkelgeschwindigkeitskurve Abb. 11.

Der Regler hat die Aufgabe, bei einer Belastungsänderung die Maschinenleistung so zu verstellen, daß Gleichgewicht eintritt zwischen der neuen Belastung B_2 und der Dampfarbeit L_2, wobei die neue Umdrehungszahl n_2 (bzw. ω_2) durch den Gleichgewichtszustand im Regler bei der neuen Belastung, d. h. durch den Ungleichförmigkeitsgrad des Reglers in den Belastungsgrenzen 1, 2

$$\delta_r^{1,2} = \frac{\omega_2 - \omega_1}{\omega} = \zeta\, \delta_r$$

bestimmt wird. δ_r bezeichnet hierbei den Ungleichförmigkeitsgrad im gesamten Regelgebiet von größter bis kleinster Füllung und ζ das Verhältnis $\delta_r^{1,2}/\delta_r$.

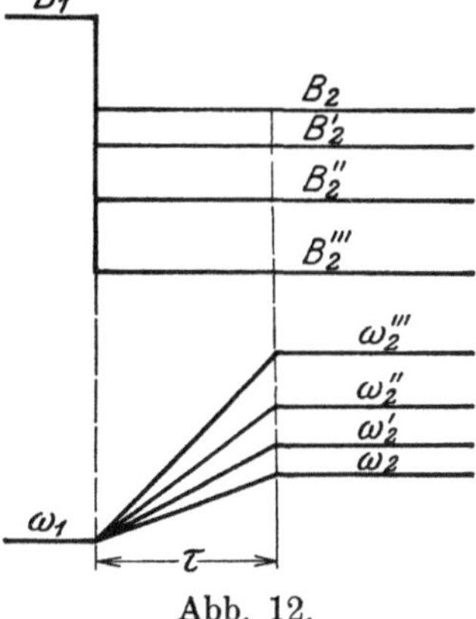

Abb. 12.

Die Regelung ist vollkommen, wenn bei dem Übergang von der Belastung 1 auf die Belastung 2 keine anderen Änderungen der Umlaufzahl auftreten, als der durch die Anlaufzeit der Maschine und den Ungleichförmigkeitsgrad bestimmte Anstieg von ω_1 auf ω_2, Abb. 12. Die Zeit τ für den Übergang von der Belastung 1 auf die Belastung 2 berechnet sich somit aus $d\omega/dt = (\omega_2 - \omega_1)/\tau = \omega\lambda/T$ zu $\tau = \frac{\omega_2 - \omega_1}{\omega}\cdot\frac{T}{\lambda}$. Wird darin $\frac{\omega_2 - \omega_1}{\omega} = \zeta\,\delta_r$ gesetzt, so folgt daraus, daß die Zeit $\tau = \zeta\,\delta_r \cdot \frac{T}{\lambda}$ oder (mit $\zeta \sim \lambda$)

$$\boldsymbol{\tau = \delta_r \cdot T}$$

nur abhängig ist vom Ungleichförmigkeitsgrad δ_r des Reglers und der Anlaufzeit T der Maschine.

Bei einem bestimmten Ungleichförmigkeitsgrad des Reglers ist also mit der gemachten Annäherung diese kürzeste Zeit τ des Überganges unabhängig von der Größe der Belastungsänderung und nur bestimmt durch die Masse der Maschine, also für jede Belastungsänderung der gleiche Wert.

Der wirkliche Regelvorgang weicht von diesem gedachten Vorgange dadurch ab, daß die Leistung der Maschine durch Eingreifen des Reglers sich ändert und infolgedessen der Unterschied zwischen Belastung und Leistung $(B - L)$ bereits während der Zeit τ abnimmt, wodurch eine Krümmung der Übergangslinie eintritt.

Im Regler ist im Gleichgewichtszustande das Fliehkraftmoment gleich dem Moment der inneren Kräfte, Federkräfte + mittlere rückwirkende Kräfte (die letzteren unter Berücksichtigung der Reibung im Regler): $Mg = Mi$. Bei Beschleunigung der Maschinenachse um $d\omega$ wächst die Fliehkraft $C = m r \omega^2$ um $P_c = m r\, 2\,\omega\, d\omega$, während die inneren Kräfte unverändert bleiben, solange das Reglerpendel nicht verlegt wird. Dieser Kraftzuwachs P_c ist verfügbar zur Überwindung der im Regler und der mit ihm verbundenen Steuerung herrschenden Widerstände und zur Verstellung des Reglers.

Neben dieser Zunahme der Fliehkraft um P_c entstehen bei einer Belastungsänderung Trägheitskräfte im Regler, die zur Verstellung nutzbar gemacht werden können, wenn die Reglermassen so angeordnet werden, daß die Trägheitskräfte eine Komponente in Richtung der Verstellkurve und im Sinne der Verstellbewegung liefern.

Die Beharrungswirkung eines Reglerpendels, Abb. 13, ruft um den Pendeldrehpunkt T ein Moment $M_p = (J_p + m r p)\frac{d\omega}{dt}$ hervor, wobei J_p das auf den Pendelschwerpunkt S bezogene polare Trägheitsmoment des Pendels und m die Masse des Pendels bezeichnet. Der Klammerausdruck setzt sich also aus dem konstanten

Teile J_p und dem von der Reglerstellung abhängigen Teile mrp zusammen. Wird der Klammerausdruck durch einen Ausdruck $J_p' = J_p + mrp$ ersetzt, so ergibt sich hieraus, daß dieser reduzierte Wert von der Dimension eines Trägheitsmomentes für jede Lage des Pendels eine andere Größe hat, also neu auszurechnen ist. Der Unterschied ist jedoch meist so gering, daß für J_p' der Mittelwert eingeführt werden kann.

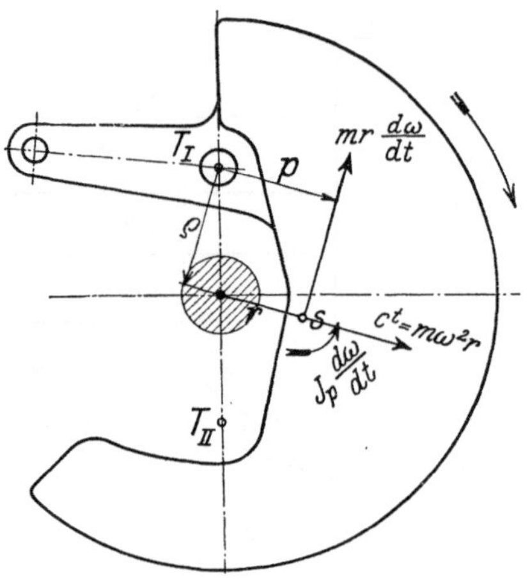

Abb. 13. Beharrungswirkung eines Reglerpendels.

In analoger Weise kann die Beharrungswirkung aller Reglerteile berechnet und nach Reduktion der Einzelwerte auf ihre Momentwirkung um den Pendeldrehpunkt (bzw. Momentanpol) summiert werden. Diese Summierung muß für die verschiedenen Stellungen des Reglers durchgeführt werden, wobei das Prinzip der virtuellen Verschiebungen mit Vorteil Anwendung findet. Wird das gesamte resultierende Moment auf die Form gebracht $J_r \frac{d\omega}{dt}$, wobei J_r die von der Reglerstellung abhängige Summe der Trägheitswirkung aller Reglerteile um T darstellt, so ist die in Richtung der Fliehkraft auftretende Verstellkraft $P_t = \frac{J_r}{\varrho} \cdot \frac{d\omega}{dt}$, wenn mit ϱ der Hebelarm des Fliehkraftmomentes bezeichnet wird. Wird P_t nicht auf die Schwerpunktsbewegung des Pendels, sondern beispielsweise auf die Federzusammendrückung oder auf die Verstellkurve des Exzenters bezogen, so ist der Ausdruck noch mit dem Übersetzungsverhältnis i zwischen beiden Wegen zu multiplizieren.

Die gesamte Verstellkraft des Reglers setzt sich aus der Änderung der Fliehkraft P_c und aus der Trägheitskraft P_t zusammen und wird: $P = P_c + P_t$, wobei zwischen beiden Größen der grundsätzliche Unterschied besteht, daß P_c im Augenblicke der Belastungsänderung null ist und erst mit steigender Umdrehungszahl zunimmt, während die Trägheitskraft P_t im Augenblicke der Belastungsänderung ihren Größtwert besitzt [abhängig von der absoluten Größe der Belastungsänderung $(B_1 - B_2) = \lambda N$] und mit Abnahme des Belastungsunterschiedes abnimmt.

Bei einem nicht schwingenden und rückdruckfreien Regler mit unveränderlichem Widerstande W tritt eine Bewegung des Reglers dann ein, wenn die Verstellkraft P so groß geworden ist, daß sie imstande ist, die Widerstände im Regler und in der Steuerung, die sich der Bewegung entgegensetzen, zu überwinden und die bewegten Massen in Richtung des Verstellwegs zu beschleunigen:

$$P = W + m \frac{d^2 z}{dt^2} = P_c + P_t.$$

Hierzu ist vor Eintritt der Bewegung eine Änderung der Umlaufzahl um $d\omega$ erforderlich, die um so kleiner sich ergeben muß, je größeren Beitrag die Beharrungswirkung zur Verstellung liefert. Die Bewegung wird eintreten, wenn die Verstellkraft P die Größe des Widerstandes W erreicht hat, d. h. wenn

$$P_c = W - P_t.$$

Das Verhältnis $\frac{P_c}{C} = \frac{2\,d\omega}{\omega} = \varepsilon$ wird als Unempfindlichkeitsgrad bezeichnet, da es erkennen läßt, welche Erhöhung der Umlaufzahl eintreten muß, um beim nichtschwingenden Regler die Verstellbewegung einzuleiten. Ein solches Gebiet der Unempfindlichkeit ist bei Muffenreglern vorhanden, wenn die Verbindung der

Steuerung mit dem Regler so ausgeführt wird, daß keine Rückdruckkräfte der Steuerung in den Regler übertragen werden.

Bei dem durch die Rückdrucke der Steuerung in schwingende Bewegung versetzten Regler tritt die Verstellbewegung im Augenblicke der Belastungsänderung ein, indem durch die Steuerungsrückdrucke die Eigenwiderstände in Regler und Steuerung überwunden werden. Dies ist der normale Fall bei Exzenterreglern, bei denen die durch die Exzenterstange übertragenen Kräfte unmittelbar vom Regler aufgenommen werden. Der Regler wird also trotz Vorhandensein innerer Reibungswiderstände vollkommen empfindlich. Der Begriff Unempfindlichkeitsgrad hat somit für diese Reglergruppe keine unmittelbare Bedeutung. Die Verstellbewegung des Reglers und der mit ihm in Verbindung stehenden Steuerung kommt zustande durch ein Zusammenwirken der auftretenden Verstellkräfte $(P_c + P_t)$, der Rückdrucke der Steuerung und der Reibungswiderstände im Regler und wird in Abschnitt 4e eingehend erörtert. Die Verstellbewegung vollzieht sich nach einer schwingenden Kurve, deren mittlerer Verlauf abhängig von der Zeit als Reglerweg für ein bestimmtes Beispiel in Abb. 14 eingetragen ist.

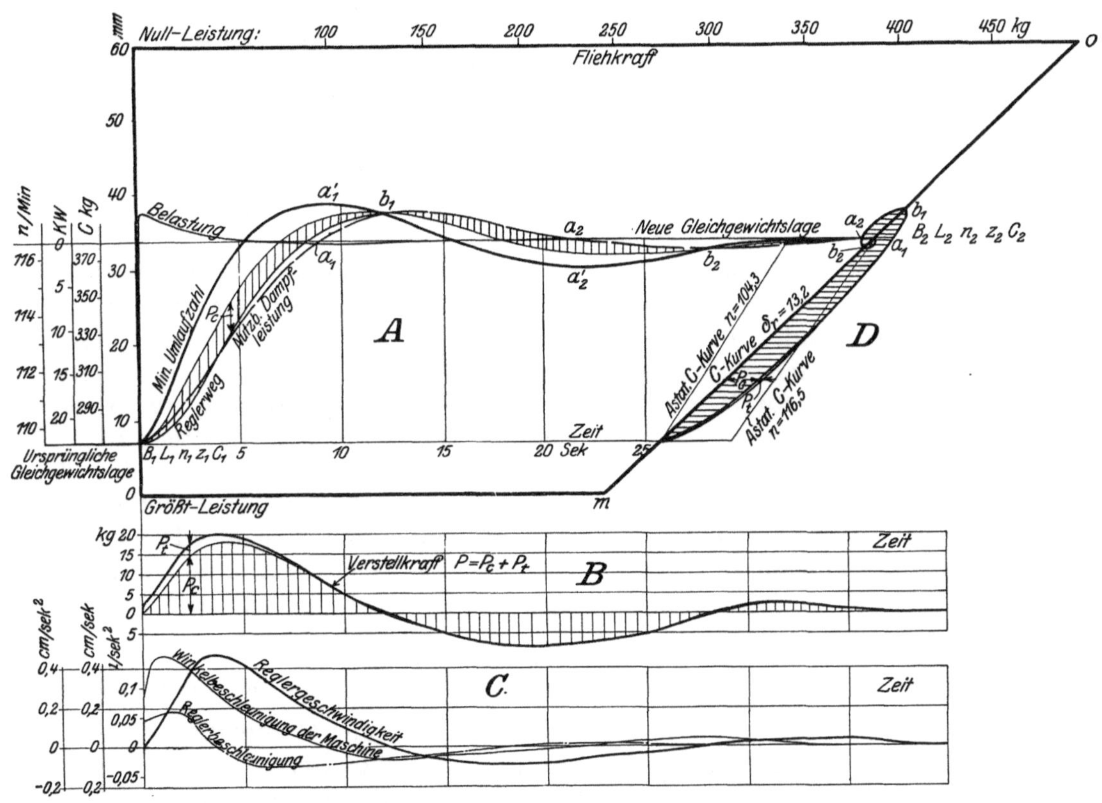

Abb. 14. Jahnsregler. Entlastung um 23 kW.

Mittlere Umdrehungszahl in der Minute . . . . $n_m = 116$.
Mittlere Fliehkraft . . . . $C_m = 350$ kg.
Ungleichförmigkeitsgrad durch Fliehkraft . . . . $\delta_r =$ 13,2 vH.
Ungleichförmigkeitsgrad durch Trägheitskraft [1]) . $\delta_b =$ 0,28 vH.
Anlaufzeit der Maschine . . . . $T =$ 30 sek.

In Abb. 14, Zeitdiagramm A entspricht die Belastungsänderung abhängig von der Zeit der ausgezogenen Linie und ist eine Entlastung von B_1 auf B_2. Vor der Entlastung sind Belastung B_1 und Leistung L_1 (bezogen auf die Maschinenachse) gleich und Umdrehungszahl n_1, Reglerstellung z_1 und Fliehkraft C_1 haben ihre zu-

[1]) Betreffs der Berechnung von δ_b vgl. S. 63.

sammengehörigen, der ursprünglichen Gleichgewichtslage entsprechenden Werte. Dasselbe gilt für die Zustände nach beendigtem Regelvorgang B_2, L_2, n_2, z_2 und C_2.

Die Maßstäbe der einzelnen Kurven sind so gewählt, daß die Kurvenwerte vor und nach dem Regelvorgange in der Ordinathöhe zusammenfallen. In den Zwischenlagen decken sich die zusammengehörigen Stellungen nur dann, wenn zwischen den verschiedenen Größen eine lineare Abhängigkeit besteht. (Bei nicht zu großen Belastungsintervallen und Ungleichförmigkeitsgraden ist diese Bedingung annähernd erfüllt.)

Im Augenblick der Entlastung, Abb. 14 und 15, wirkt der Unterschied $(L_1 - B_2)$ beschleunigend auf die Schwungradmasse. Infolge der Verstellung des Reglers nimmt die Dampfarbeit L ab und damit vermindert sich zugleich der beschleunigende Belastungsunterschied $(L - B)$, bis er bei weiterem Ansteigen des Reglers im Schnittpunkte a_1 der Belastungs- und Leistungskurve zu Null wird. Die zwischen den Kurven B und L liegende Fläche, Abb. 15, ist die von der Trägheitswirkung der Maschine aufgenommene Arbeit. In a_1 erreicht die Umdrehungszahl ihren Höchstwert. Es besteht in diesem Augenblicke Gleichgewicht zwischen Belastung und Leistung, und wenn dieser Wert sowie die Umdrehungszahl der neuen Belastung entsprechen, ist die Regelung beendet.

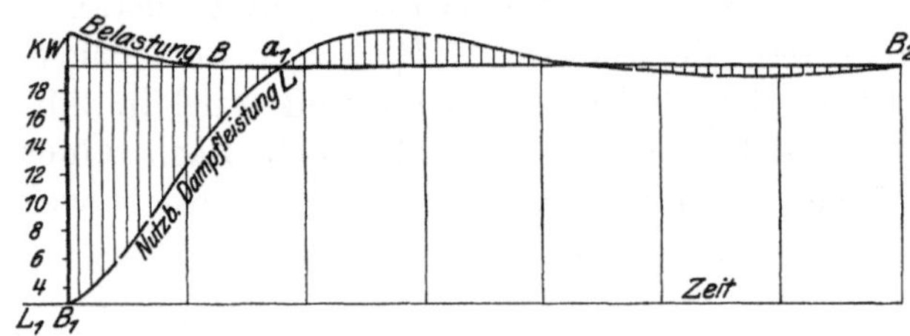

Abb. 15. Einfluß der Schwungmasse der Maschine auf den Regelvorgang.

Die Bewegung des Reglerpendels tritt im Augenblicke der Entlastung ein, da die Reibungswiderstände des Reglers durch die Pendelungen der rückwirkenden Kräfte aufgehoben sind. Die Kurve des Reglerwegs kennzeichnet unter Berücksichtigung der durch das Reglerschema gegebenen Übersetzung zugleich den Zuwachs der Innenkräfte $P_i = (P_f + P_r^m)$, Federkraft + mittlere rückwirkende Kraft, gegenüber den im Belastungszustand 1 herrschenden Kräften P_{i1}. Die Innenkräfte sind bei unveränderter Belastung im Gleichgewicht mit den Fliehkräften, kennzeichnen also den Beharrungszustand des Reglers. Während des Überganges sind die Fliehkräfte um den Betrag P_c größer, der sich aus Reglerstellung und der augenblicklichen Umdrehungszahl rechnerisch bestimmt. Der Kraftzuwachs P_c entspricht dem schraffierten Abstande der Fliehkraft und Innenkraft-(Reglerweg-)kurve.

Die Ausmittlung der Trägheitskraft $P_t = \frac{J_r}{\varrho} d\omega/dt$ erfolgt aus der Kurve der Winkelbeschleunigung $d\omega/dt$ der Maschine, Abb. 14, Figur C, die ihrerseits aus der Kurve der Umdrehungen durch Differentiation abgeleitet ist.

Abb. 14, Figur B zeigt in der kräftig ausgezogenen Linie den Verlauf der Verstellkräfte $P_c + P_t$, wobei der Anteil von P_c durch Schraffur hervorgehoben ist.

In dem vorliegenden Beispiele einer Maschine mit sehr großer Schwungmasse (δ_s des Schwungrads ca. $^1/_{350}$) ist die Winkelbeschleunigung der Maschine gering, damit ist auch der Betrag der Trägheitskräfte P_t klein und nur im Anfang der Verstellung fühlbar.

Im Schnittpunkte a_1 der Belastungs- und Leistungskurve ist im vorliegenden Beispiele die Umdrehungszahl n größer als dem Belastungszustand und der Reglerstellung 2 entspricht, infolgedessen setzt die Verstellbewegung der Steuerung fort, die Leistung der Maschine sinkt unter die Belastung, der Unterschied $(B - L)$ wird vom Schwungrad abgegeben und die Umdrehungszahl der Maschine nimmt ab. Infolge der Verzögerung wechselt die Trägheitskraft ihre Richtung und wirkt der

Fliehkraft und der durch sie bewirkten Überregelung entgegen. Dieser Vorgang wird sich so lange fortsetzen, bis ein Gleichgewichtszustand zwischen Reglerstellung und Umdrehungszahl erreicht wird, in welchem die Verstellkraft verschwindet, Punkt b_1. Dann entspricht auch die Leistung diesem Wert, und der Regelvorgang wäre beendet, wenn Leistung und Belastung einander gleich wären. Der in Abb. 14 im Punkte b_1 ersichtliche Belastungsüberschuß $(B_2 - L)$ leitet einen neuen Regelvorgang ein, und zwar eine Belastung, nur mit wesentlich kleinerem Belastungsunterschied. Die Umdrehungszahl nimmt zunächst weiter ab, indem das Schwungrad Bewegungsenergie abgibt, die Fliehkraft P_c ändert ihre Richtung und wirkt mit P_t zusammen bis zum Augenblick a_2, in welchem Leistung und Belastung einander gleich sind. Die Trägheitskraft wechselt indessen ihre Richtung und wirkt gegen die Überregelung, welche die Fliehkraft einleitet, infolge des Umstandes, daß die Umdrehungszahl niedriger ist als dem Belastungszustande entspricht. Die Reglerbewegung setzt also im Sinne einer Vergrößerung der Füllung fort, bis in b_2 Gleichgewicht zwischen Umdrehungszahl, Reglerstellung und Maschinenleistung erreicht ist. In diesem Punkte ist die zweite Periode der Reglerbewegung beendet. Da die Leistung etwas größer ist wie die Belastung, beginnt die dritte Periode mit dem vorhandenen sehr geringen Unterschied zwischen Leistung und Belastung als Entlastungsvorgang. In dieser Periode laufen die verschiedenen Kurven zusammen, d. h. der Regler kommt zur Ruhe.

Aus dem Gesagten geht hervor, daß eine Reglerschwingung in Art der Abb. 14 zum Studium verschiedener Belastungsänderungen benutzt werden kann, indem jede neue Periode einer neuen Belastungsänderung (bei abnehmendem Belastungsunterschied) entspricht.

Zur Kennzeichnung der relativen Größe und Veränderung der Verstellkräfte $(P_c + P_t)$ im Verhältnis zur Fliehkraft des Reglers im Beharrungszustande ist in Abb. 14 ein Diagramm D der Fliehkräfte eingezeichnet, in welchem als Ordinate der Reglerweg (in Richtung der Fliehkräfte), als Abszisse die Fliehkräfte eingetragen sind. Der Ordinatenmaßstab des Reglerwegs ist dem Fliehkraftdiagramm D und dem Zeitdiagramm A gemeinsam. Dem Beharrungszustande entspricht die kräftig ausgezogene geradlinige Kurve $m - o$, die in bekannter Weise im Vergleich zu den für die ursprüngliche und neue Gleichgewichtslage 1 und 2 eingetragenen astatischen Linien die Stabilität des Reglers kennzeichnet. Die Eintragung des gesamten Fliehkraftdiagrammes zeigt die Größe der Reglerbewegung bei der untersuchten Belastungsänderung im Vergleich zu dem gesamten Ausschlag zwischen Größtleistung und Nulleistung.

Die einzelnen Abschnitte der Kraftkurve D haben einen ellipsenähnlichen Verlauf, wobei das Kurvenstück 1, a_1, b_1, innerhalb dessen die Fliehkraft um den durch Schraffur hervorgehobenen Betrag größer ist als dem Beharrungszustande entspricht, der ersten Regelperiode angehört, während die Kurve b_1, a_2, b_2 der zweiten und das kleine Kurvenstück $b_2 - 2$ der dritten Periode zugehört (vgl. die entsprechenden Abschnitte im Zeitdiagramm A).

Die Verstellkräfte $(P_c + P_t)$ werden ausgenutzt zur Überwindung der inneren Reibungs- und Massenwiderstände von Regler und Steuerung. Zur Feststellung des Anteils der Massenwiderstände ist aus der Wegkurve z des Reglers die Geschwindigkeitskurve dz/dt der Reglermassen (kräftig ausgezogene Linie der Abb. C) und ihre Beschleunigung $\frac{d^2 z}{dt^2}$ (strichpunktierte Linie in Abb. C) abgeleitet.

Die Massenkräfte des Reglers $P_m = m \frac{d^2 z}{dt^2}$ ergeben sich wegen der langsamen Bewegung des Reglers so gering, daß sie in dem Maßstabe der Verstellkräfte der Abb. 14 B und D überhaupt nicht eingetragen werden können. Bei der Verfolgung dieses Regelvorganges kann also von den Massenkräften abgesehen werden; die Verstellkräfte dienen im vorliegenden Falle nahezu ausschließlich zur Überwindung der inneren Reibungswiderstände.

Die Verstellkraftkurve $(P_c + P_t)$ in Abb. 14 *B* und die Geschwindigkeitskurve dz/dt Abb. 14 *C* zeigen einen gleichartigen Verlauf. Es besteht eine annähernde Proportionalität zwischen Verstellkraft (d. h. Reibungswiderständen) und der Geschwindigkeit der Reglermassen: $P = K\left(\frac{dz}{dt}\right)$. Die Reibungswiderstände wirken also ähnlich wie eine Flüssigkeitsbremse auf den Regelvorgang. Die Begründung hierfür liegt in dem Zusammenwirken zwischen den Reibungswiderständen und den rückwirkenden Kräften, das in Abschnitt 4 e eingehend untersucht wird.

Nachdem im Vorstehenden eine Übersicht über den gesamten Regelvorgang, sowie über die gewählte Darstellung der durch Versuch und Rechnung gefundenen Größen an Hand eines bestimmten Beispiels gewonnen ist, sollen im folgenden die den Verlauf des Regelvorganges bestimmenden Einflüsse einzeln erörtert werden.

3. Einfluß der elektrischen Maschine auf die Form der Belastungskurve und damit auf den Regelvorgang.

Bei der in den Versuchen benutzten Belastungsanordnung durch einen Gleichstromgenerator ohne Spannungsregler mit Drahtwiderstand ist ein augenblicklicher und schwingungsfreier Übergang von der ursprünglichen Belastung B_1 auf die neue Belastung B_2 nicht erreichbar, indem vorübergehend ein größerer Belastungsunterschied hervorgerufen wird als der angestrebten Belastungsänderung entspricht

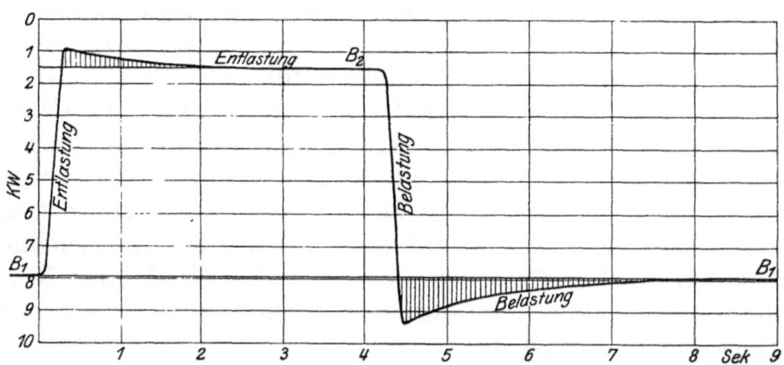

Abb. 16. Form der Belastungskurve bei Entlastung und Belastung infolge elektrischer Einflüsse. (Belastungsänderung 6,45 kW. Ungleichförmigkeitsgrad $\delta_r = 13{,}85$ vH.)

(Abb. 16). Dieser elektrische Einfluß bewirkt eine Vergrößerung der für die Verstellung verfügbaren Trägheitskräfte, die dem augenblicklichen Belastungsunterschiede proportional sind, und ist, wie aus Abb. 16 hervorgeht, bei der Belastungszunahme wesentlich größer wie bei der Entlastung.

Die Erklärung der Erscheinung liegt in folgendem: Die elektrische Belastung ergibt sich als Produkt aus Stromstärke i und Spannung e. Die Spannung ist der Anzahl der sekundlich durchschnittenen Kraftlinien proportional, d. h. dem Produkte nH aus Umdrehungszahl n und einem Faktor H, der dem resultierenden magnetischen Kraftfeld (Unterschied zwischen Magnetfeld und dem entmagnetisierten Feld des Ankers) proportional ist. Das Feld des Ankers nimmt mit der Stromstärke zu. Um die entmagnetisierende Wirkung aufzuheben, ist auf dem Magneten eine Wicklung eingelegt, die den Hauptstrom führt. Da diese Wicklung die Entmagnetisierung des Feldes nicht ganz aufhebt, nimmt die Spannung mit zunehmender Stromstärke etwas ab. Die Maschine ist unterkompoundiert. Diese Veränderung der Spannung, die nicht durch die bei der Regelung auftretenden Verhältnisse hervorgerufen wird und nur insofern Interesse hat, als sie die Größe der neuen endlichen Belastung B_2 bestimmt, während sie auf die vorübergehende Belastungsschwankung nahezu keinen Einfluß ausübt, überschreitet jedoch nicht max. 3,5 vH. und bleibt daher im folgenden unberücksichtigt. H wird also für eine bestimmte Umlaufzahl als unveränderlich angenommen.

Bei verschiedenen Umdrehungszahlen ist H nicht konstant. Um die Spannung möglichst unverändert zu erhalten, müßte die Magnetisierung bei niedrigen Umlaufzahlen vergrößert, bei höheren vermindert werden. Als mittlere Spannung e_m wurde beispielsweise bei dem Gleichstromgenerator von 25 KW-Leistung versucht, 250 Volt zu halten: $e_m = n_m \cdot H = 250$ Volt. $H = e_m / n_m$ mit n_m als mittlerer Umdrehungszahl.

Läuft der Generator mit der Umdrehungszahl n_1, Spannung $e = n_1 H = e_m n_1 / n_m$ und hat der Belastungsrahmen einen Widerstand R, Stromstärke $i = \frac{n_1 e_m}{n_m R}$, so wird die Belastung $i e = \frac{n_1^2 \cdot e_m^2}{R \cdot n_m^2}$. Wird die Belastung vergrößert durch Ausschaltung des Widerstandes r, so bleiben im Augenblicke der Belastungsänderung die Umlaufzahl der Maschine und (mit der gemachten Annäherung) auch die Spannung die gleichen, die Belastung steigt auf

$$\frac{n^2_1 e_m^2}{(R-r) n_m^2}.$$

Allmählich stellen sich Regler und Umdrehungszahl auf den neuen Belastungszustand ein, wobei die Umlaufzahl auf n_2 sinkt. Die Belastung ist nunmehr

$$\frac{n_2^2 e_m^2}{(R-r) n_m^2},$$

also etwas kleiner wie im Augenblick des Eintritts der Belastungsänderung, Abb. 14.

Die vorübergehende Überschreitung der endlichen Belastung beträgt

$$\frac{(n_1^2 - n_2^2) e_m^2}{(R-r) \cdot n_m^2}.$$

Bei einer Entlastung gleicher Größe von B_2 auf B_1 durch Ausschaltung des Widerstandes r ergibt sich aus der entsprechenden Überlegung eine Unterschreitung der angestrebten Belastung B_1 um den Betrag

$$\frac{(n_1^2 - n_2^2) e_m^2}{R n_m^2}.$$

Die im Augenblick der Belastungsänderung auftretende vorübergehende Vergrößerung des Belastungsunterschiedes ist, — von den in beiden Ausdrücken gemeinsamen Größen abgesehen, — umgekehrt proportional dem nach der Belastungsänderung im Stromkreise eingeschalteten Widerstande. Da der Widerstand mit der Belastungszunahme abnimmt, ist die vorübergehende Vergrößerung bei der Belastungszunahme größer wie bei der Entlastung.

Da $(n_1^2 - n_2^2) \sim 2 \lambda \delta_r \cdot n_m^2$ (λ = Verhältnis der Belastungsänderung $(B_1 - B_2)$ zur Größtleistung N), nimmt die Vergrößerung der Belastungsschwankung mit dem Ungleichförmigkeitsgrade angenähert proportional zu.

Zahlentafel 1 enthält für einzelne Versuche an der Einzylindermaschine Angaben über die vorübergehende Belastungserhöhung:

Zahlentafel 1.

Abbildung	Belastung	Mittlere Umlaufzahl in der Minute	Ungleichförmigkeitsgrad vH.	Endlicher Belastungsunterschied. kW.	Vorübergehende Erhöhung. kW.
37	Zunahme	225	13,85	6,45	1,45
36	Abnahme	225	13,85	6,45	0,53
55	Zunahme	175	26,10	5,7	4,00
—	Abnahme	175	26,10	5,7	0,21

Die Zahlenwerte der letzten Spalte zeigen, daß der Einfluß der vorübergehenden Belastungssteigerung im Verhältnis zur endlichen Belastungsänderung insbesondere bei hohem Ungleichförmigkeitsgrad ganz bedeutend ist.

Der günstige Einfluß der elektrischen Maschine auf den Regelvorgang tritt nicht nur im Augenblick der Belastungsänderung auf, sondern auch im weiteren Verlauf der Regelung, indem die auftretenden Schwingungen der Belastungskurve die Reglerschwingungen dämpfen, siehe Versuchsbeispiele in Abschnitt 5, S. 35. Je größer die Belastungspendelungen sind, um so stärker wird auch die Dämpfung Letztere ist daher bei Belastungszunahme größer wie bei Entlastung.

4. Die rückwirkenden Kräfte der Steuerung und der Maschine und ihr Einfluß auf den Regelvorgang.

a) Steuerungsrückdruck.

Beim Exzenterregler werden die in der Exzenterstange wirkenden Kräfte unmittelbar in den Regler übertragen, da das Exzenter nur durch die Gegenwirkung

Abb. 17. Lichtbild der stehenden Einzylindermaschine mit Regler Abb. 1. (Die Buchstaben entsprechen den Bezeichnungen der Abb. 9, S. 9.)

der Innenkräfte und der Fliehkraft in seiner Lage erhalten wird. Kräfte in der Exzenterstange treten auf infolge Gewichtswirkung der Steuerungsteile, Reibung in der Steuerung, Massenwirkung der hin- und hergehenden Steuerungsteile, sowie einseitigem Dampfdruck. Außerdem treten noch Kräfte auf infolge der Reibungswiderstände zwischen Exzenter und Exzenterbügel, sowie infolge der Massenwirkung der umlaufenden Steuerungsteile (Exzenter und Bügel).

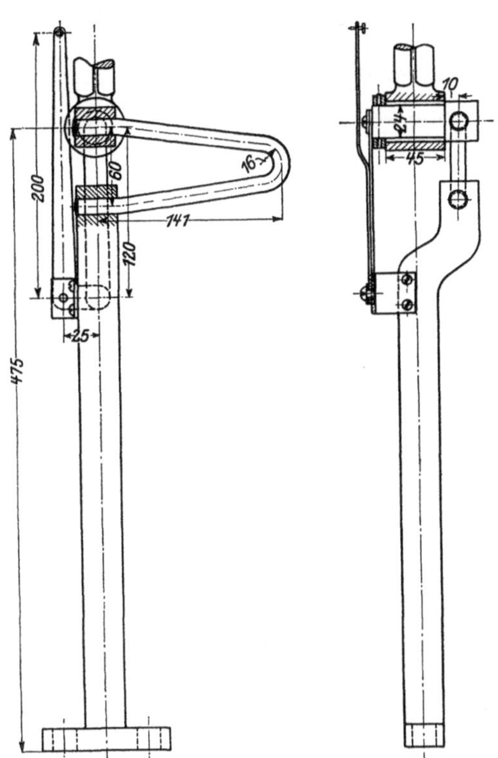

Abb. 18. Dynamometer zur Bestimmung der Schieberreibung der Steuerung Abb. 2 und 17.

Als Beispiel diene die einfache Kolbenschiebersteuerung, Abb. 2, der stehenden Einzylindermaschine Abb. 17. Die Gewichtswirkung von Schieber, Stange mit Führung, Exzenterstange und Exzenter wirkt als unveränderliche Kraft senkrecht abwärts. Die Schieberreibung wurde durch Vorversuche mit Hilfe des Dynamometers, Abb. 18, festgestellt, das, wie Abb. 17 zeigt, an Stelle der Exzenterstange in den Steuerungsantrieb eingebaut wurde. Die Schieberreibung ergab sich in den Versuchsgrenzen als nahezu unabhängig von der Umdrehungszahl der Maschine. Dynamometerdiagramme bei verschiedener Umlaufzahl zeigt Abb. 19. Die Massenwirkung des Schiebers berechnet sich aus den Bewegungsverhältnissen der Steuerung und ihren Gewichten.

Insoweit die in Richtung der Exzenterstange übertragenen Kräfte eine Komponente in Richtung der Verstellkurve besitzen, wird diese versuchen, den Regler zu verstellen. Da nun diese Komponente unter der Drehung des Reglers Größe und Vorzeichen mit dem Sinus des Drehwinkels φ wechselt, erteilt sie der Reglermasse eine schwingende Bewegung. Zu dieser Kraftwirkung treten weitere Kraftkomponenten, die von der umlaufenden Masse des Exzenters und von den Reibungswiderständen am Exzenter herrühren. In einfacheren Fällen lassen sich alle diese

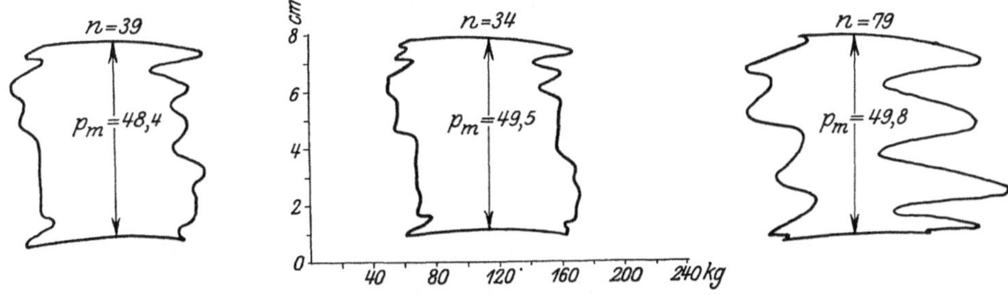

Abb. 19. Dynamometerdiagramme bei verschiedener Umdrehungszahl der Maschine.

Kräfte P_1 als Funktion der Zeit oder der Winkeldrehung des Reglers analytisch bestimmen, bei einer umständlicheren Übertragung werden sie zeichnerisch ermittelt. Abb. 20 zeigt beispielsweise für die Steuerung der stehenden Einzylinderdampfmaschine die Komponenten der Rückdruckkräfte in Richtung der Verstellkurve für Mittellage des Exzenters. Abb. A zeigt in den ausgezogenen Linien 1, 2, 3 den Einfluß derjenigen Kräfte, die von der Umdrehungszahl unabhängig sind in Kilogrammmaßstab, in den strichpunktierten Linien 4, 5 den Einfluß der übrigen im Maßstab $\left(\frac{n}{100}\right)^2$ kg. In Abb. B sind die beiden Kraftgruppen in je einer Kurve zusammengefaßt. Abb. C zeigt schließlich den resultierenden Rückdruck für eine bestimmte Umdrehungszahl ($n = 225$). Die Rückdruckkräfte sind verschieden in den verschiedenen Stellungen des Exzenters infolge der Verschiedenheit von Exzentrizität und Aufkeilwinkel.

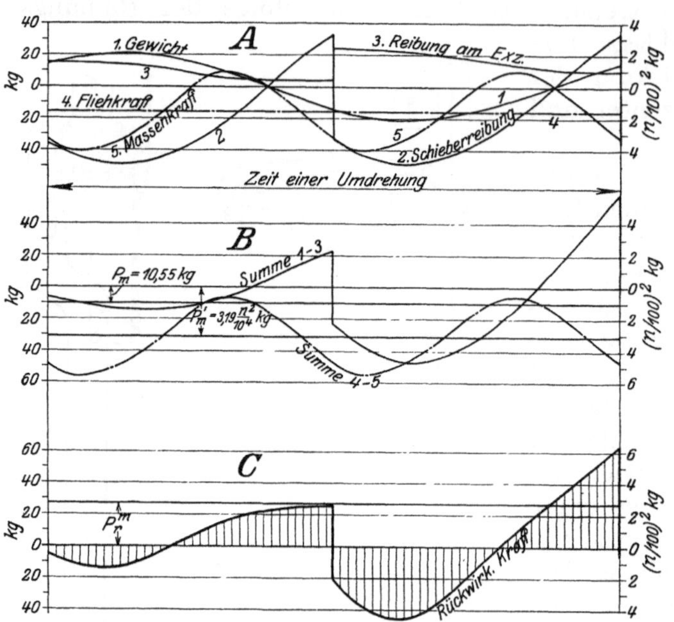

Abb. 20. Rückdruckkräfte der Steuerung der stehenden Einzylindermaschine in Mittellage des Exzenters.

b) Rückdruck durch die Ungleichförmigkeit der Maschine.

Neben den rückwirkenden Kräften der Steuerung treten auch rückwirkende Kräfte der Maschine auf, da die Maschinenachse infolge der Verschiedenheit zwischen dem während einer Umdrehung wechselnden treibenden Moment und der in der Regel unveränderlichen Belastung sich mit ungleicher Geschwindigkeit bewegt, deren Größenänderung durch die Schwungradmasse bestimmt wird. Hierdurch entstehen entsprechende Veränderungen P_2 der Fliehkraft des Reglers.

Bei Trägheitsreglern entstehen neben diesen pendelnden Fliehkräften auch Trägheitskräfte infolge der der Geschwindigkeitsschwankung zugehörigen Beschleunigung, die durch den Unterschied der Tangentialkräfte der Leistung und Belastung hervorgerufen wird. Diese pendelnden Trägheitskräfte P_3 ermitteln sich in der gleichen Weise wie die bei der Belastungsänderung auftretenden Trägheitskräfte P_t. In ihrer Wirkung unterscheiden sie sich dadurch, daß sie während einer Umdrehung Größe und Richtung derart wechseln, daß sie nicht eine Verlegung des Reglers aus seiner Gleichgewichtslage, sondern nur eine Pendelung um diese bewirken.

Die Kräfte P_2 und P_3 addieren sich zu dem Steuerungsrückdruck P_1. Bei Reglern mit großem Steuerungsrückdruck ist jedoch — insbesondere wenn die Maschine größere Schwungmassen besitzt — die Wirkung von P_2 und P_3 im Verhältnis zu P_1 sehr gering.

c) Mittlere rückwirkende Kräfte und Reglerpendelung ohne Berücksichtigung der Eigenreibung des Reglers.

Die um eine Mittelkraft P_r^m pendelnden Steuerungsrückdrucke $(P_1 \pm P_r^m)$, Abb. 20 C, sowie dievon der Maschine herrührenden Rückdruckkräfte P_2 und P_3 rufen Schwingungen der Reglermassen hervor. Die mittlere rückwirkende Kraft P_r^m des Steuerungsrückdruckes P_1, die durch Integration der Kraftkurve P_1, Abb. 20 *B* und *C*, ermittelt werden kann, muß bei der Reglerberechnung durch Bemessung und Einstellung der Reglerfedern ausgeglichen werden. Die gegenüber dieser mittleren Kraft P_r^m pendelnden Kräfte erreichen häufig eine bedeutende Größe.

Die Schwingungen der Reglermassen werden durch zweimalige Integration aus der Kurve der pendelnden Kräfte abgeleitet. Abb. 21 zeigt die Ausmittelung für den Fall, daß keine Reibungswiderstände im Regler vorhanden sind. Im Kraft-Zeitdiagramm A sind die Kraftimpulse in beiden Richtungen gleich groß, ebenso sind im Geschwindigkeits-Zeitdiagramm B und im Weg-Zeitdiagramm C die Ausschläge gleich, indem die mittleren Diagrammhöhen den Integrationskonstanten entsprechen. Die Größe des Schwingungsausschlags ist im reibungsfreien Regler nur abhängig vom Trägheitsmoment der bewegten Reglermassen und beträgt in dem Beispiele ca. 2,8 mm.

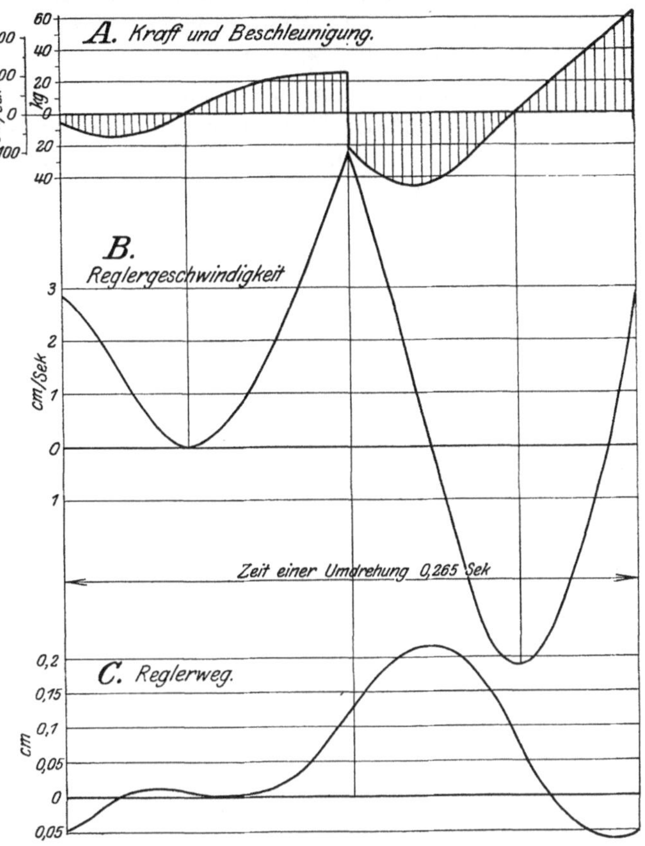

Abb. 21. Rückdruckkräfte, Reglergeschwindigkeit und Reglerpendelung bei reibungsfreiem Regler (Versuchsregler Abb. 1).

d) Die Eigenreibung des Reglers und ihr Einfluß auf die Reglerpendelungen.

Der Regelvorgang bedingt das Vorhandensein von Reibungswiderständen im Regler. Diese sind je nach der baulichen Ausführung von sehr verschiedener Größe. Bei Reglern wie Abb. 3 und 5 treten bedeutende Belastungen der Aufhängezapfen der Pendelmassen auf durch die Resultierende aus Federkraft, Fliehkraft und Eigengewicht der Pendel, außerdem in den Aufhängezapfen der Federn durch die Federkraft. Die durch diese Belastungen hervorgerufenen Reibungswiderstände können durch Kugelabstützung (Abb. 5) sowie Schneidenlagerung (Abb. 3) vermindert werden. Ihre nahezu völlige Beseitigung ist jedoch nur erreichbar bei unmittelbarer Gegenwirkung von Feder und Fliehkraft, wie in den Reglern Abb. 1 und 7. Aber auch bei diesen verbleibt stets ein Reibungswiderstand durch Belastung der Pendelzapfen durch das Eigengewicht der Pendel sowie den dem Steuerungsrückdruck entsprechenden Unterschied der Feder- und Fliehkraft. Außerdem treten Belastungen sämtlicher übertragenden Zapfen durch die Beharrungskräfte des Reglers auf. Bei Reglern mit Trägheitsring (Abb. 7) erhöht die Gewichtswirkung des Trägheitsrings auf die Reglerachse in wesentlichem Grade die Reibungswiderstände. Für den Jahns-Regler Abb. 7 beträgt beispielsweise das Gewicht des Trägheitsrings + eines Teiles der Pendel ca. 370 kg, die sich auf der Achse in Gleitlagern abstützen. Bei einem Wellenradius von 35 mm berechnet sich hieraus das Reibungsmoment zu $13\,\mu$ mkg, wobei der Widerstand wesentlich von der Größe der Reibungsziffer μ abhängt. Diese Reibung kann durch reichliche Schmierung oder Kugellagerung des Beharrungsgehäuses wesentlich herabgesetzt werden. Im Regler Abb. 7 treten weitere Reibungswiderstände in den zahlreichen Gleitflächen sowie durch die Kraftwirkung der axial angeordneten Zusatzfeder F in deren Übertragungszapfen auf.

Die Reibungswiderstände des Reglers sind während einer Umdrehung annähernd unveränderlich. Beim Regler mit Trägheitsring Abb. 7 wurde der Reibungswiderstand bei herausgenommenen Hauptfedern und ungespannter Axialfeder experimentell zu 32 kg, bezogen auf die Bewegung der Stange S in Abb. 7b, ermittelt. Bei Anspannung der Axialfeder wächst der Reibungswiderstand bedeutend.

Bei dem Versuchsregler Abb. 1 ist der Reibungswiderstand stark abhängig von der weniger vollkommen ausgeführten Schmierung. Außerdem sind die Zapfen des Reglers verhältnismäßig sehr reichlich bemessen, wodurch ebenfalls die Reibung größer wird wie notwendig. Bei den kurz nach dem Einbau ausgeführten ersten Versuchen beträgt die Eigenreibung im Mittel ca. 10 kg, während sie bei einigen später ausgeführten Versuchen nicht unwesentlich höher ist.

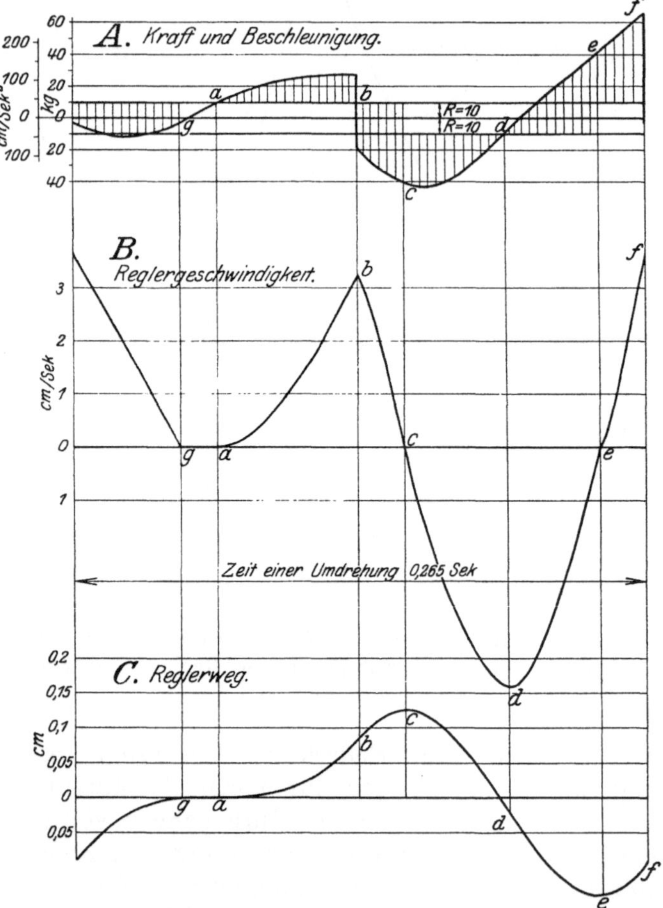

Abb. 22. Rückdruckkräfte, Reglergeschwindigkeit und Reglerpendelung bei 10 kg. Innenreibung (Versuchsregler Abb. 1).

In Abb. 21 war die unter dem Einfluß der Rückdruckkräfte entstehende Pendelung des Reglers ermittelt unter der Voraussetzung, daß der Regler reibungsfrei sei (Eigenreibung $R = 0$). Bei Vorhandensein einer inneren Reibung R wird der Regler im allgemeinen eine ähnliche periodische Schwingung um seine Mittellage ausführen. Erst wenn die Reibungswiderstände so groß sind, daß die Impulse der Rückdruckkräfte innerhalb des Gebietes $2\,R$ gelegen sind, steht der Regler still. Sind die Kraftimpulse größer wie $2\,R$, so pendelt der Regler.

Werden im Kraft-Zeitdiagramm A, Abb. 22, im Abstande R von der Nullinie nach beiden Seiten die Grenzlinien des Reibungswiderstandes eingetragen, so müssen die Kraftflächen, die außerhalb der Reibungsflächen gelegen sind, den Regler beschleunigen, während die innerhalb liegenden Flächen großenteils dazu dienen, die unter der Beschleunigungsperiode erlangte Geschwindigkeit zu verzögern. Um zu erreichen, daß der Regler in seiner Lage bleibt und um die gewählte Mittellage pendelt, müssen die Geschwindigkeit-Zeitflächen über und unter der Nullinie des Geschwindigkeitsdiagrammes B (die ja mit den Pendelausschlägen identisch sind, da Produkt aus Geschwindigkeit und Zeit = dem Wege) gleich sein, da andernfalls der Regler sich dauernd in Richtung des Überschusses bewegen würde. Dies bedingt nicht ohne weiteres, daß auch in der Kraftkurve die Überschüsse über und unter den Reibungslinien gleich groß sind. Die Mittellage dez Kraftkurve wird vielmehr beim Vorhandensein von Reibung nur dann die gleiche sein, wie ohne Reibung, wenn die Kraftkurve einen zur Mittellinie symmetrischen Verlauf aufweist. Dies ist jedoch nur selten der Fall.

Die innere Reibung bewirkt im allgemeinen eine Verschiebung der Mittellinie des Kraftdiagrammes und damit eine Änderung in der Größe der mittleren rückwirkenden Kraft P_r^m, die eine Veränderung der Umdrehungszahl und Stabilität des Reglers herbeiführt, wenn sie nicht durch Änderung der Federspannung und Federlage ausgeglichen wird. Die Abweichung ist um so größer, je unsymmetrischer die Kraftkurve verläuft. Wirkt beispielsweise in dem Regler der Abb. 1 eine Reibung von 10 kg, wie sie annähernd den Verhältnissen bei den Regelversuchen entspricht, so findet sich die Mittellage der Kraftkurve Abb. 22 durch mehrfach wiederholte Integration aus der Bedingung der Gleichheit der Geschwindigkeitsflächen. Diese Mittellage ist bei 10 kg Reibung um 3 kg gegenüber der Nullinie ohne Reibung verschoben. Ausgehend von der Stellung a, in welcher der Regler stillsteht, wird zunächst der Regler durch den Unterschied der pendelnden Rückdruckkraft P_r und der Reibung R beschleunigt:

$$(P_r - R) = m\frac{d^2 z}{d t^2}.$$

Von b ab sinkt die Kraft unter die Reibung und die Reglermassen werden durch die Kraftwirkung $(R + P_r)$ verzögert, bis die Geschwindigkeit in c ihren Nullwert erreicht. Da P_r in c dem absoluten Werte nach größer ist als R, setzt die Verzögerung mit der Kraft $(P_r - R) = m\frac{d^2 z}{d t^2}$ fort bis d, wo die Geschwindigkeit ihren Kleinstwert erreicht. Von d ab werden die Reglermassen bis zum Punkte e durch die Kraft $(P_r + R)$ beschleunigt (in e ist die Reglergeschwindigkeit $v = 0$), von e ab erfolgt die weitere Beschleunigung durch die Kraft $(P_r - R)$ bis f. Von da ab tritt eine Verzögerung ein durch $(R + P_r)$ bis g. Von g bis a steht der Regler still. Die positiven und negativen Flächen der Kraftkurve A (durch Schraffur hervorgehoben) und der Geschwindigkeitskurve B werden in ihrer Summe zu 0. Die unterste Kurve C der Abb. 22 zeigt den Verlauf der Reglerpendelung im Beharrungszustand.

Bei größerer Innenreibung ($R = 32$ kg), wie in dem Beispiel des Jahns-Reglers Abb. 7 mit der Kraftkurve Abb. 23, steht der Regler in den größeren Intervallen $a\,b$ und $c\,d$ still. (Da hierbei die zusammengehörigen Beschleunigungs- und Verzögerungsflächen durch einen Stillstand des Reglers unterbrochen werden, sind in diesem Falle auch die Kraftüberschüsse über den Reibungskräften in ihren positiven und negativen Werten gleich groß.) Die Verschiebung der Nullinie beträgt 9 kg, die sich zu den ohne Reibung ermittelten rückwirkenden Kräften addieren und bei Berechnung der Federspannung zu berücksichtigen sind.

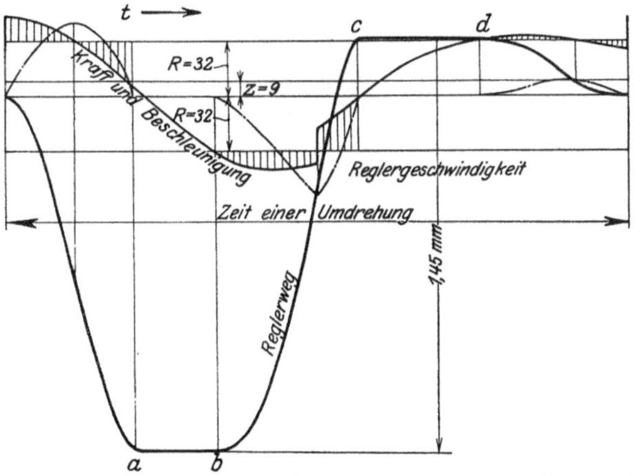

Abb. 23. Rückdruckkräfte, Reglergeschwindigkeit und Reglerpendelung bei 32 kg. Innenreibung (Jahnsregler Abb. 7).

Um zu zeigen, in welcher Weise eine Erhöhung der Reibung den Reglerausschlag beeinflußt, sind in Abb. 24 für den Versuchsregler, Abb. 1, die Geschwindigkeits- und Wegkurven für die Reibungskräfte $R = 0$, 10, 20, 30 und 40 kg eingetragen. Die Kraftkurve für $R = 20$ kg ist durch Schraffur hervorgehoben. Der größte Unterschied der Pendelausschläge ist weiterhin in Abb. 25 abhängig von der zugehörigen Reibungskraft dargestellt. Aus Abb. 24 und 25 geht hervor, daß die Pendelung zuerst langsam abnimmt, von etwa 2,8 mm bei dem reibungsfreien Regler auf 2,6 mm bei einer Reibung von 10 kg. Danach sinkt sie rasch auf 0,5 mm bei 30 kg Reibung, um bei weiterer Erhöhung der Reibung langsam abzunehmen bis zum Aufhören der Pendelung bei 58 kg.

Der Ausgleich der Über- und Unterschußflächen in den Geschwindigkeitsdiagrammen Abb. 24 B erfordert eine verschiedene Lage der Nullinie in dem Kraft- (oder Beschleunigungs-)diagramm A. Die Verschiebung ist in Abb. 25 abhängig von der Reibungskraft aufgetragen, wobei die Nullinie des Diagrammes derjenigen Fliehkraft entspricht, die bei der Reibungskraft Null die Federkräfte und mittleren Rückdruckkräfte der Steuerung in Gleichgewicht hält. Die Ordinaten kennzeichnen somit die Änderung Z der Fliehkraft, welche bei gleichbleibender Federkraft durch die Reibung hervorgerufen wird. Es zeigt sich hierbei, daß der Regler — trotzdem die Unempfindlichkeit dauernd Null ist — infolge der Änderung der inneren Reibungswiderstände in der gleichen Reglerstellung und Federspannung verschiedene Umlaufzahlen annimmt. So zeigt Abb. 25 für den Versuchsregler der stehenden Einzylindermaschine mit zunehmender Reibung zunächst eine Abnahme der Fliehkraft um max. 3,9 kg bei 25 kg Reibung, danach eine Zunahme. Bei 43 kg Reibung wird die gleiche Größe der Fliehkraft erreicht wie bei 0, darnach erfolgt eine rasche Zunahme bis um max. 8,5 kg bei 55 kg Reibung. Weitere Erhöhung der Reibung bedingt das Aufhören der Reglerpendelungen, also einen Unempfindlichkeitsgrad. Die Fliehkraft weist also bei Veränderung der Reibung Verschiedenheiten auf von max. 3,9 + 8,5 = 12,4 kg, entsprechend einer Veränderung der Umdrehungszahl um 9,5 Umdrehungen i. d. Min. oder 4,2 vH. der mittleren Umdrehungszahl von 225. In diesem Einfluß der Reibung ist es begründet, daß sich bei Maschinen mit Exzenterreglern bei Inbetriebsetzung nach längerem Stillstand Abweichungen der Umlaufzahl im Vergleich zum Dauerbetrieb der Maschine ergeben können.

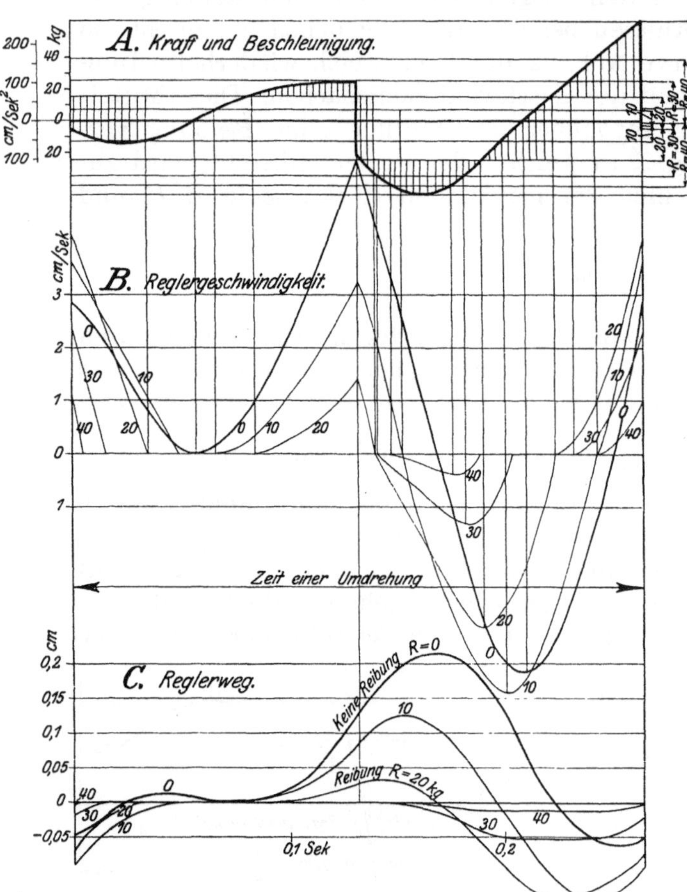

Abb. 24. Veränderung der Pendelungen des Versuchsreglers bei verschiedener Reibung.

e) Verstellwiderstand bei einseitig auftretenden Verstellkräften infolge Zusammenwirkens der Reibung und der Steuerungsrückdrucke für Schieber- und Ventilsteuerung. Bremsende Wirkung der Reibung.

Ist ein Regler vollkommen rückdruckfrei ($P_r = 0$), so ist der Verstellwiderstand durch Reibung gleich der Innenreibung des Reglers. Bei einer Belastungsänderung muß somit die Verstellkraft P zunächst die unveränderliche Reibung R überwinden, bevor sie vermag, die Reglermassen zu beschleunigen: $(P-R)=m\frac{d^2z}{dt^2}$.

Werden Rückdruckkräfte in den Regler übertragen, so entsteht der Verstellwiderstand durch das Zusammenwirken der Innenreibung des Reglers und der Rückdruckpendelung. Um zu verfolgen, in welcher Weise bei einer Belastungsänderung die Verstellbewegung durch eine einseitige Verstellkraft bewirkt wird, soll in dem Beispiel der mehrfach benutzten Kraftkurve der Schiebersteuerung des Versuchsreglers Abb. 1 gezeigt werden, welche Reglerbewegungen durch **einseitige Verstellkräfte** verschiedener Größe hervorgerufen werden, wobei zunächst eine Reibung von 10 kg zugrunde gelegt sei, Abb. 26.

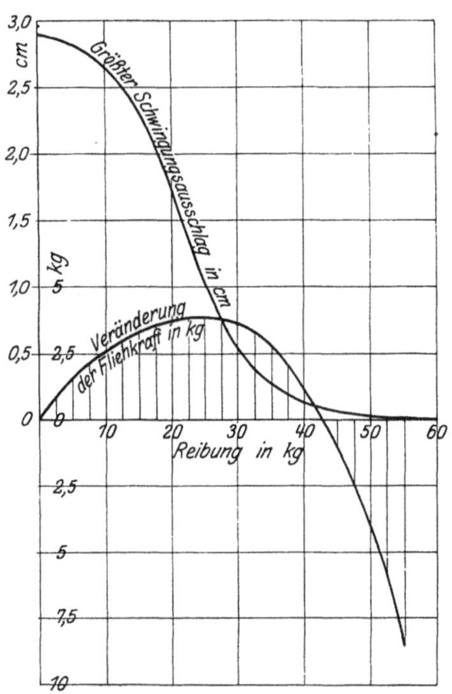

Abb. 25. Veränderung der mittleren rückwirkenden Kraft und Veränderung der größten Amplituden der Reglerpendelungen durch die Reibung (zu Abb. 24).

Im Beharrungszustande führen die Reglermassen die der Kurve $P=0$ entsprechende Pendelung aus (aus Abb. 22 übertragen). Am Ende einer Umdrehung ist der Regler in der gleichen Stellung wie am Anfange, und die Schwingung wiederholt sich in gleicher Weise solange keine Belastungsänderung eintritt. Die Kurven sind in Abb. 26 durch drei Schwingungsperioden aufgezeichnet.

Tritt infolge einer Belastungsänderung eine einseitige Verstellkraft, z. B. von 5 kg, auf, die eine Verlegung in Richtung größerer Füllung anstrebt, und addiert sie sich zu der bestehenden Kraftschwingung, so wird die Nullinie des Kraftdiagrammes in einer dieser Kraftwirkung entgegengesetzten Richtung um 5 kg verschoben, und die wirksamen Kräfte entsprechen dem Unterschiede des Rückdruckes und der nach beiden Seiten der neuen Nullinie aufgetragenen Reibung von 10 kg. Der Verlauf der Geschwindigkeitskurve B und der Reglerschwingung C und D ist dann noch abhängig von dem Augenblick, in dem die Belastungsänderung auftritt. Der Beginn sei innerhalb der Stillstandsperiode $g\,a$ des Reglers in dem Augenblick a_1 angenommen, indem die Kraftkurve die um die Verstellkraft von 5 kg verschobene Reibungskurve schneidet. Hier hat also der Regler keine Anfangsgeschwindigkeit $(v_{a1}=0)$.

In der Zeit a_1 bis b_1 wird der Regler durch den mit Schraffur hervorgehobenen positiven Kraftüberschuß beschleunigt. In b_1 erreicht die Geschwindigkeit (Kurve 5 in B) einen Größtwert.

Von b_1 ab wird die Geschwindigkeit durch die der Beschleunigungsfläche $a_1\,b_1$ entsprechende Verzögerungsfläche $b_1\,c_1$ auf Null zurückgeführt. Von da ab stehen die Reglermassen unter dem Einfluß der negativen Beschleunigungsfläche $c_1\,d_1$, bis die Geschwindigkeit im Schnittpunkte d_1 der Kraft- und Reibungskurven ihren Kleinstwert erreicht. Danach werden sie durch die äquivalente Verzögerungsfläche $d_1\,e_1$ auf Null zurückgeführt.

Von e_1 ab erfolgt eine weitere Beschleunigung bis f_1, und von da ab sinkt die Geschwindigkeit infolge der anschließenden Verzögerung bis a_2.

Diese Verzögerungsfläche $f_1 a_2$ ist — infolge der Wirkung der Verstellkraft — nicht imstande, die Geschwindigkeit auf Null zurückzuführen, so daß in a_2 nach Verlauf einer Umdrehung eine positive Geschwindigkeit v_{a2} vorhanden ist. Der

Regler ist also beschleunigt worden. Der weitere Bewegungsvorgang vollzieht sich in entsprechender Weise unter dem Einfluß der in A durch Schraffur hervorgehobenen beschleunigenden und verzögernden Flächen. Am Ende der zweiten Periode erreicht die Reglergeschwindigkeit den Betrag v_{a3}, der etwas größer ist als v_{a2}. Im weiteren Verlauf setzt der Ausgleich der positiven und negativen Flächen des Kraftdiagrammes fort, so daß am Ende der dritten Periode eine weitere Erhöhung der Geschwindigkeit nicht eintritt, $v_{a4} = v_{a3}$. Das gleiche Geschwindigkeitsdiagramm wiederholt sich von da ab unverändert.

Die Wegkurve des Reglers für Bewegung gegen Größtfüllung, Abb. C, bestimmt sich durch Integration aus der Geschwindigkeitskurve zu der steigenden Linie für $P = 5$ kg. Das vom Regler zurückgelegte Wegstück wächst in den ersten drei Perioden dauernd, von da ab ist der Zuwachs konstant. Der Regler bewegt sich also von der dritten Periode ab mit gleichbleibender mittlerer Geschwindigkeit und unveränderlicher Zunahme des Verschiebungswegs. Der Kraft 5 kg entspricht also diese Geschwindigkeit, und zwar beschleunigt die Kraft 5 kg die Reglermassen auf diese bestimmte mittlere Geschwindigkeit, gleichgültig in welchem Augenblick die Belastungsänderung eintritt. Mit dem Zeitpunkt der Belastungsänderung verändert sich nur die Zeit, innerhalb der der Regler die mittlere Geschwindigkeit erreicht. Ist die mittlere Geschwindigkeit erreicht, so bewirkt die Kraft P nur, daß die Geschwindigkeit erhalten bleibt. Es wird den Reglermassen keine weitere Energie zugeführt, die ganze Kraft wird von der Innenreibung des Reglers verzehrt. Die Innenreibung des Reglers (von 10 kg) wirkt somit in Verbindung mit der pendelnden Rückwirkung gegenüber der Verstellkraft (von 5 kg) wie eine Bremse. Mit der Zunahme der mittleren Geschwindigkeit nimmt der Widerstand zu, und weniger und weniger von den 5 kg wirken auf Beschleunigung der Reglermassen, bis die größte Mittelgeschwindigkeit erreicht ist, bei der die gesamte Kraft von der Bremswirkung aufgenommen und die Beschleunigung zu Null wird.

Bei Bewegung gegen Nullfüllung, Geschwindigkeitskurve Abb. B und Wegkurve Abb. D, wird die gleichförmige Geschwindigkeit bei $P = 5$ kg bereits in der ersten Periode erreicht.

In gleicher Weise wie für 5 kg sind in Abb. 26 die Geschwindigkeits- und Wegkurven durch drei Perioden wiedergegeben für Kräfte gegen Größtfüllung von $P = 2$, 5, 7 und 10 kg und Kräfte gegen Nullfüllung von $P = 5$, 10 und 13 kg. Die Kurven sind mit den zugehörigen Zahlen bezeichnet.

Während bei Bewegung gegen Größtfüllung die 5 kg-Kurve von der dritten Periode ab unveränderliche Geschwindigkeit erreicht, wiederholt sich bei 10 kg gegen Größtfüllung in der dritten Periode zwar die Form der Geschwindigkeitskurve der zweiten, die Kurve liegt aber bedeutend höher und steigt auch in den folgenden Perioden weiter. Die Bremswirkung ist also hier gesprengt und die Gewichte bewegen sich mit gleichförmiger Beschleunigung, also dauernd zunehmender Geschwindigkeit. Die gleichförmige Beschleunigung entspricht einer beschleunigenden Kraft von 3 kg. Bei Bewegung gegen Nullfüllung wird bei der vorliegenden Annahme über den Augenblick der Entlastung die gleichförmige Geschwindigkeit sowohl bei 10 kg (in der zweiten Periode) wie auch bei 13 kg erreicht.

Es soll nun untersucht werden, in welchem Augenblicke die Bremswirkung gesprengt wird. Wenn der Regler sich unter einer einseitigen Kraftwirkung mit unveränderter mittlerer Geschwindigkeit bewegen soll, muß sich die gleiche Geschwindigkeitskurve dauernd wiederholen, d. h. die Anfangsgeschwindigkeit jeder Periode muß dieselbe sein. Der Grenzzustand hierfür liegt dann vor, wenn die einseitige Kraft so groß geworden ist, daß die beschleunigenden und verzögernden Flächen der

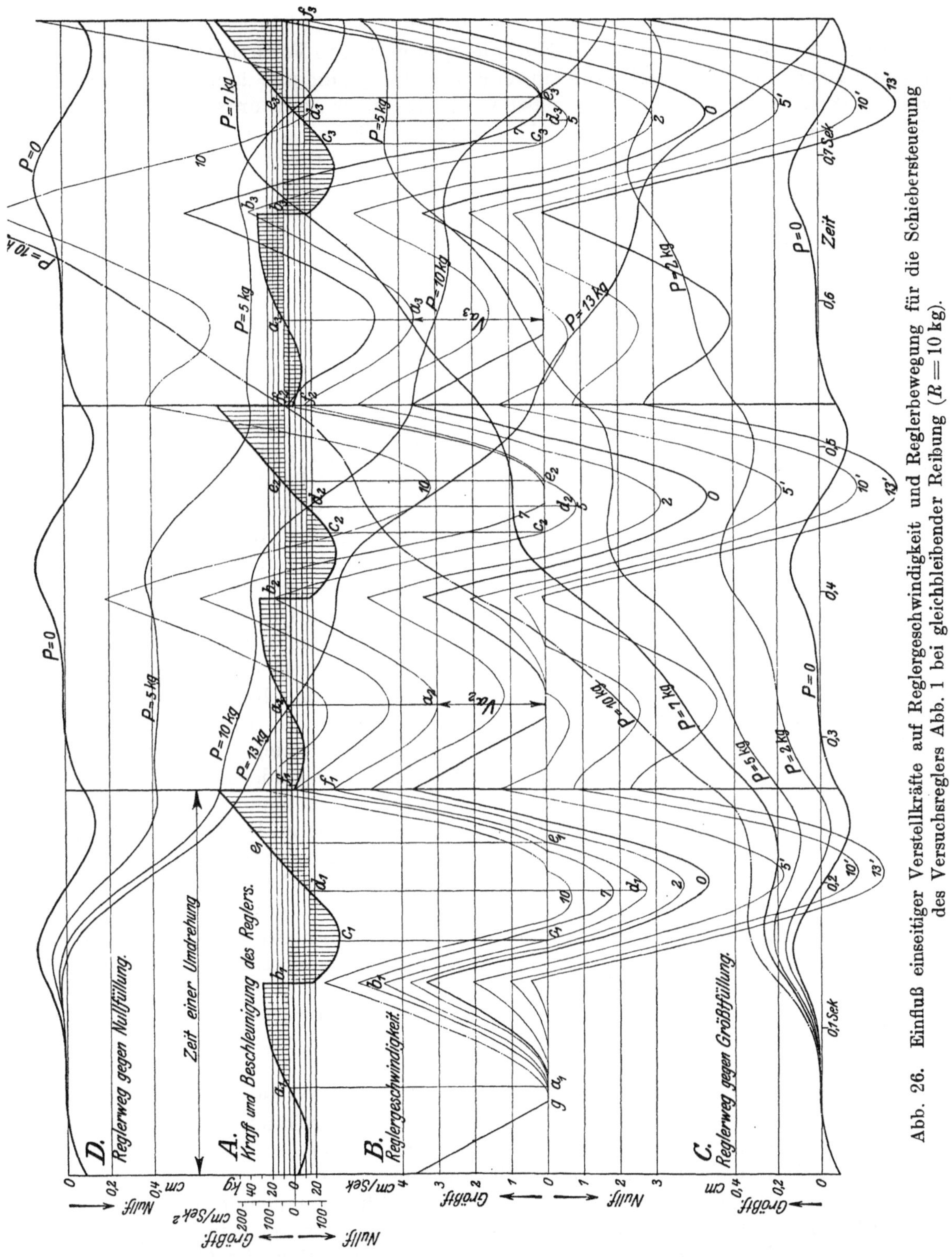

Abb. 26. Einfluß einseitiger Verstellkräfte auf Reglergeschwindigkeit und Reglerbewegung für die Schiebersteuerung des Versuchsreglers Abb. 1 bei gleichbleibender Reibung ($R = 10$ kg).

pulsierenden Kraftkurve, bezogen auf die um den Reibungsbetrag verschobene Nulllinie, einander aufheben.

Bei dem reibungsfreien Regler sind im Beharrungszustand ($P = 0$) die beschleunigenden und verzögernden Flächen, bezogen auf die Nullinie $0 - 0$, gleich groß. Es tritt keine einseitige Verschiebung ein, indem der Regler um die Stellung 0 0 pendelt. Bei Vorhandensein von Reibung besteht dieser Ausgleich nur dann, wenn die Kraftkurve eine zur Nullinie symmetrische Form hat, während bei unregelmäßiger Form der Kraftkurve eine einseitige Bewegung nur dann nicht eintritt, wenn die Flächen des Geschwindigkeitsdiagrammes über und unter der Nullinie gleich sind. Der Ausgleich dieser Flächen bewirkt, wie auf S. 26 Abb. 24 erörtert, meist eine Vergrößerung oder Verkleinerung der mittleren rückwirkenden Kraft P_r^m des Kraftdiagrammes um einen Betrag Z, der von der Form der pulsierenden Kraftkurve und der Größe der Reibung abhängig ist (Abb. 25). Die pendelnde Bewegung der Rückdruckkräfte findet also um eine um Z verschobene neue Nullinie (in Abb. 27 A strichpunktiert) statt.

Bei Bewegung gegen Größtfüllung liegt die Reibungslinie $a\,a$ im Abstand R von dieser neuen Nullinie und der Grenzzustand der Bremswirkung wird dann erreicht, wenn die einseitige verstellende Kraft P die Größe $(R-Z)$ erreicht, indem durch diesen Kraftzuwachs die Kraftkurve so verlegt wird, daß bei der Pendelung um Linie $a\,a$ die durch Schraffur hervorgehobenen beschleunigenden und verzögernden Flächen sich aufheben, Abb. 27 A. In diesem Falle erteilen nämlich die mit $+$ bezeichneten Kräfte dem Regler eine Geschwindigkeit in Richtung der Größtfüllung, die durch die negativen Kräfte gerade wieder auf Null verzögert wird. Sind die Kräfte kleiner wie $(R-Z)$, so verzögert die negative Fläche nicht nur die Geschwindigkeit auf Null, sondern bringt den Regler auf eine negative Geschwindigkeit. Wächst die verstellende Kraft über $(R-Z)$, so wird die Bremswirkung gebrochen, indem der über $(R-Z)$ überschießende Betrag eine einseitige Beschleunigung herbeiführt, infolge deren Wirkung der Regler nicht mehr zum Stillstand kommt.

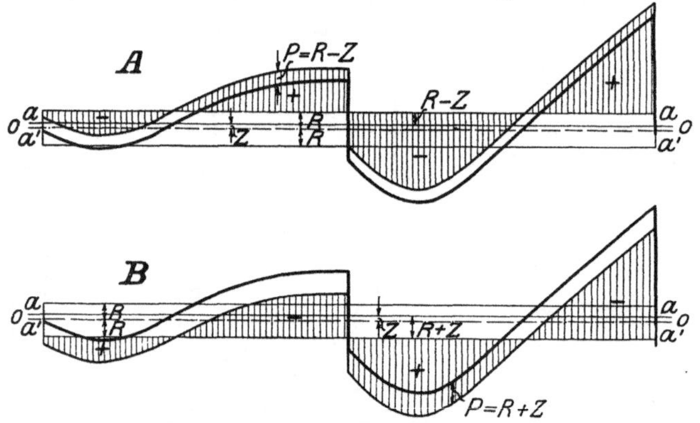

Abb. 27. Ermittlung der Verstellkraft für die Grenze der Bremswirkung für Bewegung gegen Größtfüllung (A) und gegen Nullfüllung (B).

In ganz entsprechender Weise wird bei Verstellung gegen Nullfüllung der Grenzzustand bei einer Verstellkraft $(R+Z)$ erreicht, da dieser Zuwachs eine Kraftwirkung hervorruft, bei welcher die durch Schraffur hervorgehobenen überschießenden Flächen der Kraftkurve in bezug auf die um R in Richtung der Kleinstfüllung verschobene Nullinie $a'\,a'$ verschwinden, Abb. 27 B.

Anstatt die Kraftkurve um $(R-Z)$ oder $(R+Z)$ zu verlegen, ist es in der Darstellung einfacher, die Nullinien in der umgekehrten Richtung zu verschieben, siehe Abb. 24 und 26.

Die Bremswirkung wird bei einer Kraft $P=(R-Z)$ bei Verstellung gegen Größtfüllung und bei $P=(R+Z)$ bei Verstellung gegen Kleinstfüllung gesprengt. Die Innenreibung $\pm R$ wirkt somit bremsend in dem Gebiete $(R-Z)+(R+Z)=2\,R$, also im Beispiele innerhalb einer Kraftwirkung von 20 kg.

Bei symmetrischer Kraftkurve, bei der die Nullinien mit und ohne Reibung zusammenfallen, ist die größte Bremskraft in beiden Richtungen je 10 kg, indem $Z=0$ wird. Bei unsymmetrischer Form der Kraftkurve sind die Grenzwerte der Bremskraft abhängig von dem Abstande Z beider Nullinien (3 kg in Abb. 27). In Abb. 26, C und D endet die Bremswirkung bei Bewegung gegen Größtfüllung bei 7 kg, bei Bewegung gegen Nullfüllung bei 13 kg, stärker ausgezogene Linien.

Was die Größe der mittleren Geschwindigkeiten angeht, die diesen Grenzwerten entsprechen, so ist ihre Summe gleich dem größten Geschwindigkeitsunterschied, der bei der Pendelung ohne Reibung auftritt. Ist beispielsweise die Geschwindigkeitskurve, Abb. 28, bezogen auf die Nullinie 0 — 0, das Geschwindigkeitsdiagramm bei Pendelung ohne Reibung, so stellt dieselbe Kurve, bezogen auf die Nullinie $m - m$ das Geschwindigkeitsdiagramm für die größte Bremswirkung gegen Größtfüllung dar, während die Kurve, bezogen auf die Nullinie $n - n$, das Diagramm für Bewegung gegen Nullfüllung ergibt. Die mittleren Geschwindigkeiten gegen Größt- und Nullfüllung ergeben sich aus den von den zugehörigen Nullinien mm und nn begrenzten Flächen A und B, geteilt durch die Zeit einer Periode. Hieraus geht hervor, daß ihre Summe dem Abstand zwischen mm und nn entspricht, d. h. dem oben erwähnten größten Unterschied der Geschwindigkeiten, der seinerseits wieder gleich der größten auftretenden Flächendifferenz im Kraft-Zeitdiagramme ist.

Abb. 29 zeigt in den beiden Kurven für Schiebersteuerung die aus Abb. 26 abgeleiteten Werte der endlichen mittleren Verstellgeschwindigkeit für Bewegung gegen Größtfüllung und gegen Nullfüllung abhängig von der Kraft, welche die Bewegung hervorbringt.

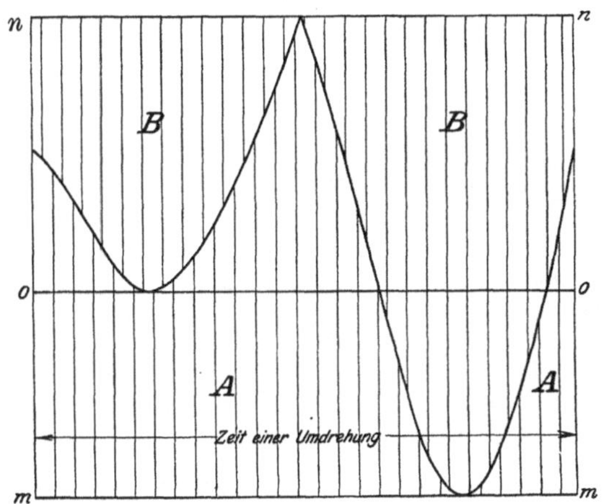

Abb. 28. Größtwert der mittleren Geschwindigkeit bei Verstellung gegen Größtfüllung und gegen Nullfüllung, entsprechend $P = R \pm Z$.

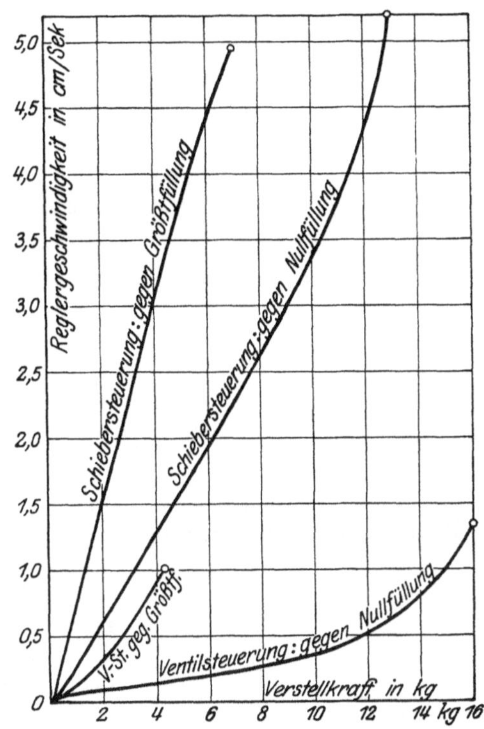

Abb. 29. Abhängigkeit der Verstellgeschwindigkeit von der Verstellkraft bei unveränderlicher Reibung für Schieber- und Ventilsteuerung.

Die Reglergeschwindigkeit ist in cm/sek angegeben. Die mittlere Verstellgeschwindigkeit ist für das vorliegende Kraftdiagramm einer Schiebersteuerung sehr nahe proportional mit der Verstellkraft bis zu dem durch einen kleinen Kreis bezeichneten Grenzwert, bei dem die Bremswirkung gesprengt wird, und der Regler unter den Einfluß einer beschleunigenden Kraft tritt. Vor Erreichung dieses Wertes ist also der durch die Verstellkraft zu überwindende Widerstand des Reglers abhängig von der Verstellgeschwindigkeit, und das Verhältnis Verstellkraft : Verstellgeschwindigkeit kann nahezu konstant $= K$ gesetzt werden. Die innere Reibung wirkt in Verbindung mit dem Steuerungsrückdrucke angenähert wie eine Flüssigkeitsbremse. Die Form der Kraftkurve bewirkt dabei, daß die Widerstände bei Bewegung gegen Größtfüllung (Belastung) wesentlich geringer sind wie bei Bewegung gegen Nullfüllung (Entlastung). Es sind also zur gleichen Verstellbewegung bei Belastung wesentlich geringere Verstellkräfte aufzuwenden wie bei Entlastung.

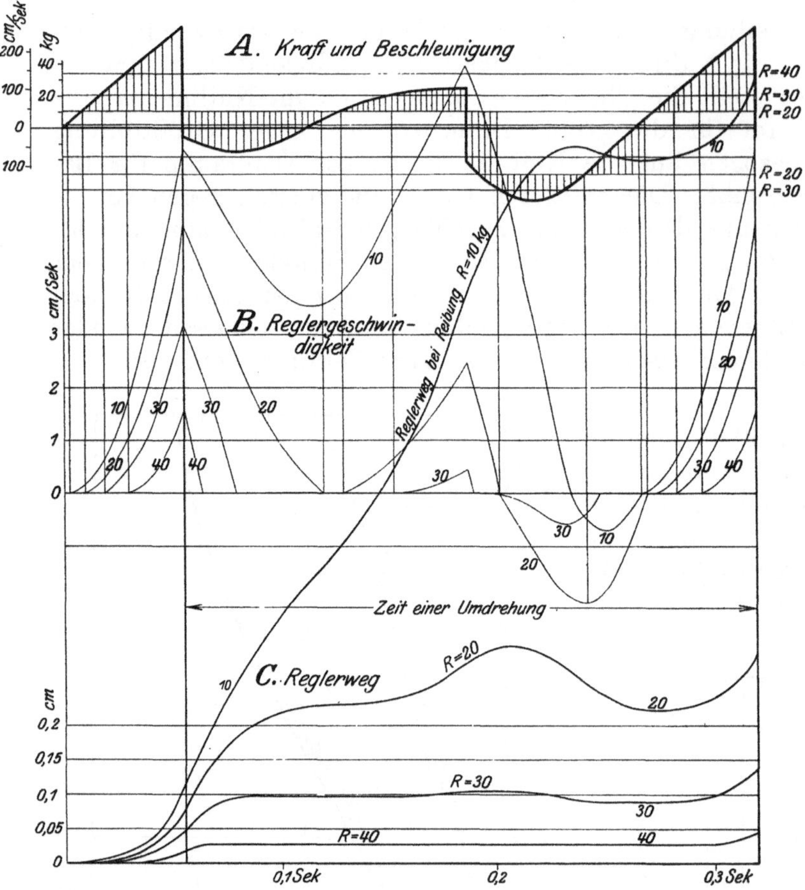

Abb. 30. Reglergeschwindigkeit und Reglerpendelung bei 5 kg Verstellkraft und verschiedener Reibung (Versuchsregler Abb. 1).

Zur Kennzeichnung der Abhängigkeit der Verstellgeschwindigkeit von der Reibung bei einer bestimmten Verstellkraft ist in Abb. 30 für den gleichen Regler Verstellgeschwindigkeit und Pendelausschlag für 5 kg Verstellkraft gegen Nullfüllung bei einer Innenreibung von 10, 20, 30 und 40 kg aufgezeichnet. Die Art der Aufzeichnung entspricht Abb. 26. Die beschleunigenden und verzögernden Flächen des Kraftdiagrammes A sind für 20 kg Reibung durch Schraffur hervorgehoben. Das Geschwindigkeitsdiagramm B zeigt die sehr rasche Verminderung der Verstellgeschwindigkeit durch die Reibung. Die mittlere resultierende Verstellgeschwindigkeit nimmt mit zunehmender Reibung außerordentlich schnell ab, und das Verhältnis K der Verstellkraft zur Verstellgeschwindigkeit nimmt entsprechend zu, Abb. 31. Der Regelvorgang wird also durch die Reibung in beträchtlichem Maße verschlechtert.

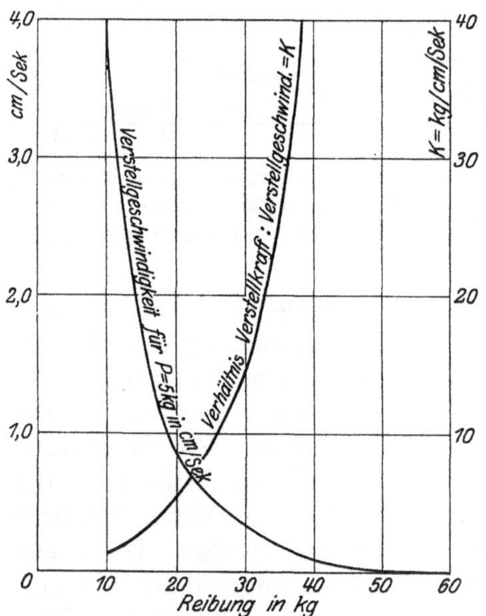

Abb. 31. Abhängigkeit der mittleren Verstellgeschwindigkeit und der Werte $K = \frac{\text{Verstellkraft}}{\text{Verstellgeschwindigkeit}}$ von der Reibung (zu Abb. 30).

Um zu untersuchen, welcher Zusammenhang zwischen Verstellgeschwindigkeit und Verstellkraft bei einer anderen Form der pulsierenden Kraftkurve besteht, wurde der gleiche Regler mit gleicher Eigenreibung ($R = 10$ kg) verbunden gedacht mit einer Roll-Kurven-Ventilsteuerung. Abb. 32 zeigt das Kraftdiagramm A der Steuerung für Normalfüllung in zwei Perioden. Die Ausschläge der Kraftkurve sind wesentlich geringer wie bei der Schiebersteuerung.

In gleicher Weise wie in Abb. 26 sind die Geschwindigkeits- und Reglerwegdiagramme B, C und D für den Beharrungszustand 0 aufgezeichnet. Die beschleunigenden und verzögernden Flächen des Kraftdiagrammes A sind für diesen Fall durch Schraffur hervorgehoben. Die Verschiebung der Nullinie des pendelnden Reglers durch die Reibung ist wegen der unregelmäßigen Form der Kraftkurve größer wie in dem Beispiele Abb. 26 und beträgt 6 kg. Gleichzeitig sind die Reglerpendelungen mit höchstens 0,1 mm wesentlich kleiner wie vorher (2,6 mm).

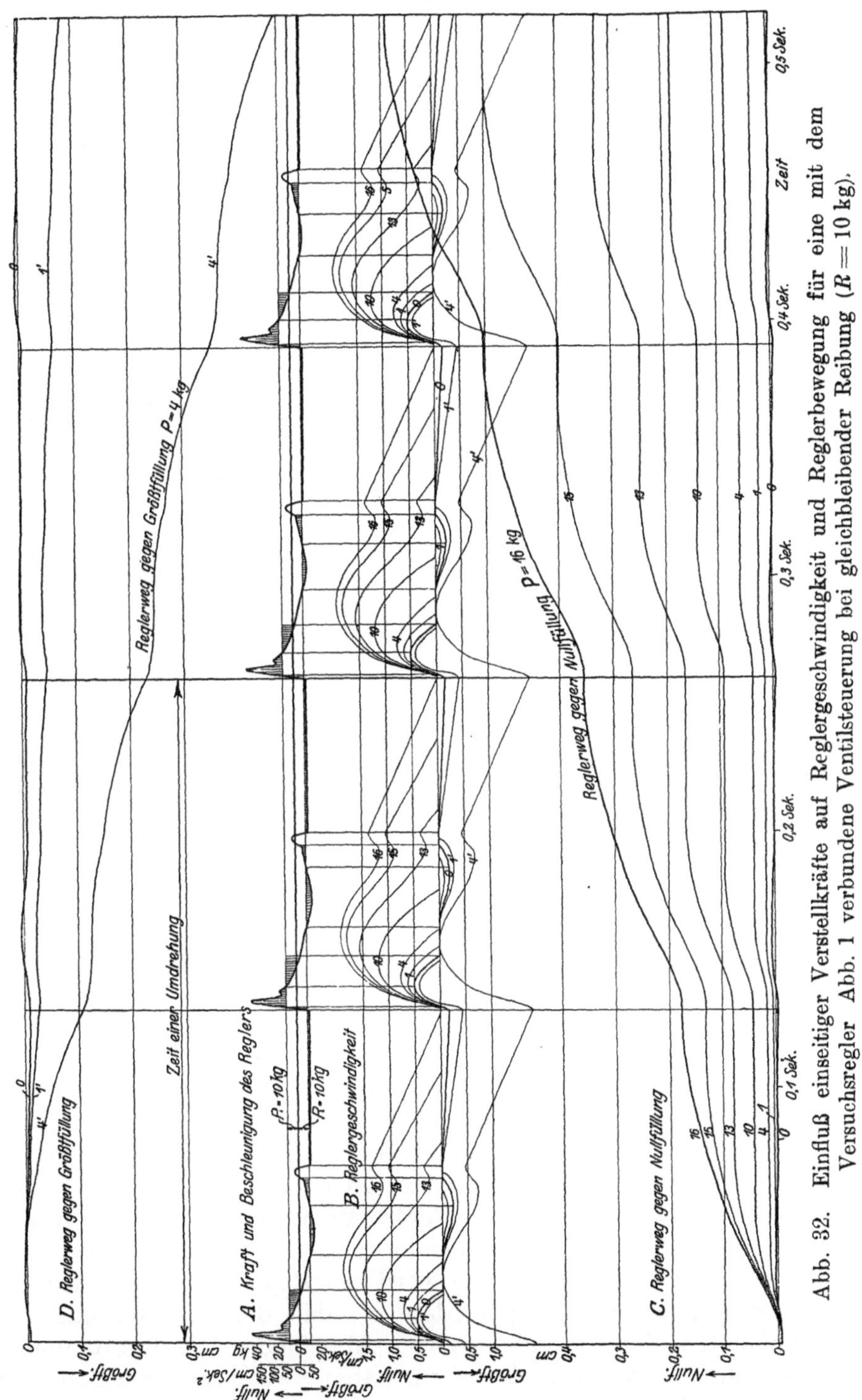

Abb. 32. Einfluß einseitiger Verstellkräfte auf Reglergeschwindigkeit und Reglerbewegung für eine mit dem Versuchsregler Abb. 1 verbundene Ventilsteuerung bei gleichbleibender Reibung ($R = 10$ kg).

Zur Kennzeichnung der Wirkung einer einseitigen Verstellkraft sind Geschwindigkeits- und Wegdiagramme aufgezeichnet für $P = 1$ und 4 kg gegen Größtfüllung, und für $P = 1$, 4, 10, 13 und 16 kg gegen Nullfüllung. Die Bremswirkung der Reibung wird gesprengt bei 4 kg gegen Größtfüllung und bei 16 kg gegen Nullfüllung (entsprechend ∓ 6 kg Verlegung der Nullinie des Kraftdiagrammes durch die Reibung). Die Verstellung erfolgt also gegen Größtfüllung mit wesentlich größerer Verstellgeschwindigkeit wie gegen Nullfüllung. Der Unterschied der Bewegung in beiden Richtungen ist wegen der sehr unregelmäßigen Form der Kraftkurve erheblich größer wie bei der Schiebersteuerung, Abb. 26. Die Verstellgeschwindigkeit ist jedoch in beiden Fällen geringer.

Die Abhängigkeit der mittleren Verstellgeschwindigkeiten von der Verstellkraft ist für Bewegung gegen Größtfüllung und gegen Nullfüllung in den mit Ventilsteuerung bezeichneten Kurven der Abb. 29, S. 31 dargestellt.

Bei Verschiebung gegen Nullfüllung wächst die Verstellgeschwindigkeit anfänglich nur langsam und ungefähr proportional mit der Verstellkraft, um dann zwischen 10 und 16 kg ziemlich rasch anzusteigen.

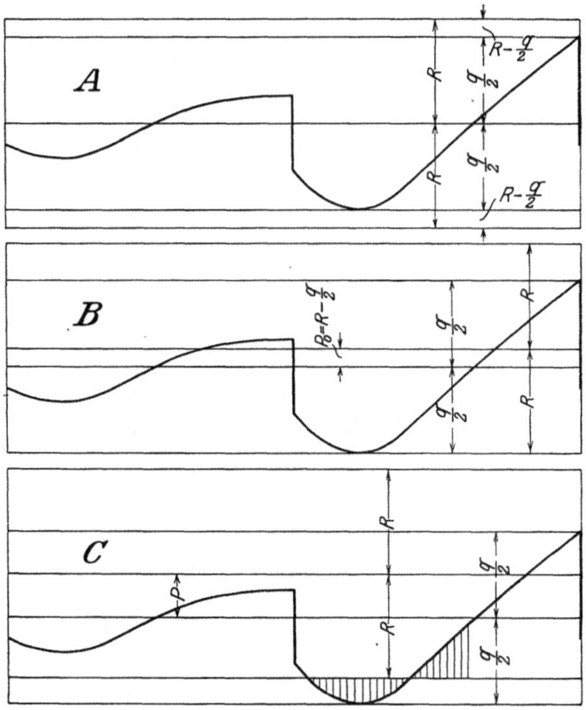

Abb. 33. Kraftdiagramm und Verstellkraft, wenn die Innenreibung des Reglers die Rückdruckkräfte überwiegt.

Überschreitet die verstellende Kraft P die Größe P', bei der die Bremswirkung gesprengt wird, so wird von da ab die Geschwindigkeit des Reglers dauernd zunehmen, und zwar mit einer gleichförmigen mittleren Beschleunigung entsprechend der Kraft $(P - P')$, wie das beispielsweise in Abb. 26 die Kraftkurve 10 bei Bewegung gegen Größtfüllung zeigt (strichpunktierte Kurve in Abb. C mit $(P - P') = 3$ kg).

Die mittleren Kurven während der Regelperiode verlaufen in dem Zeitraum, in dem die Verstellkraft größer ist wie die größte Bremswirkung wie bei einem rückdruckfreien Regler mit unveränderter innerer Reibung (gleich der größten Bremswirkung, d. h. Eigenreibung R + oder — Kraftunterschied Z), indem die pulsierende Kraft in dieser Zeit keinen Einfluß auf den mittleren Regelvorgang ausübt.

Als letzter Fall ist noch der zu behandeln, daß eine pendelnde Rückdruckkraft vorhanden ist, der Regler aber nicht pendelt. Dies bedingt, daß der größte Kraftunterschied im Kraftdiagramme kleiner ist als der doppelte Betrag der Eigenreibung des Reglers, oder daß $R < q/2$, Abb. 33 A. Der Regler wird dann in dem Bereiche $(2R - q)$ unempfindlich. Die Fliehkraft und Umdrehungszahl des Reglers kann also in diesem Gebiete sich verändern, ohne daß eine Bewegung des Reglers eintritt. Bei einer Belastungsänderung wird der Regler beginnen, sich zu bewegen, wenn die Verstellkraft so groß geworden ist, daß die der Reibung R zugehörige Linie den äußersten Kraftimpuls erreicht, Abb. 33 B. Die Kraftzunahme, die erforderlich ist, um den Regler zu bewegen, hängt davon ab, an welcher Stelle innerhalb des Unempfindlichkeitsgebiets sich der Regler im Belastungsaugenblicke befindet. Die Kraft beträgt somit im ungünstigsten Falle $(2R - q)$, im günstigsten 0, im Mittel also $P_0 = (R - q/2)$. Überschreitet die Verstellkraft P diesen Wert, $P > P_0$, so wird P dem Regler eine unveränderliche Geschwindigkeit erteilen, die der Kraft P zugehört, Abb. 33C. Der Regler steht in den Zwischenräumen still und bewegt sich ruckweise. Nimmt die Kraft weiter zu, so wird die Bremswirkung so lange bestehen bleiben, bis — genau wie bei dem pendelnden Regler — die Reibungslinie R die Nullinie der reibungsfreien Pendelung erreicht. Bei der dieser Stellung zugehörigen Verstellkraft sind die positiven und negativen Flächen des Kraftdiagrammes genau gleich. Bei weiterer Zunahme der Verstellkraft wird die Bremswirkung gebrochen und die Reglergeschwindigkeit nimmt dauernd zu.

Zusammenfassend sei die Abhängigkeit der Beschleunigung und Geschwindigkeit der Verstellbewegung von der Verstellkraft für Regler mit verschiedener Eigenreibung zusammengestellt.

P = Verstellkraft, R = Reibung, q = größter Unterschied im Kraftdiagramm (das zur Vereinfachung symmetrisch zur Nullinie angenommen sei).

Erster Fall: $\mathbf{R = 0}$.

Der Regler pendelt und bewegt sich (unabhängig von der Größe q) unter dem Einfluß einer Beschleunigung $P = m \frac{d^2 z}{d t^2}$.

Zweiter Fall: $\mathbf{R = R. \quad q = 0}$.

Keine Pendelung.

In dem Intervall $P < R$ steht der Regler still.

In dem Intervall $P > R$ wird der Regler beschleunigt durch $(P - R) = m \frac{d^2 z}{d t^2}$.

Dritter Fall: $\mathbf{R = R. \quad q > 2 R}$.

Der Regler pendelt.

In dem Intervall $0 < P < R$ bewegt sich der Regler mit einer der Verstellkraft entsprechenden Geschwindigkeit.

In dem Intervall $P > R$ wird der Regler beschleunigt durch die Kraft $(P - R) = m \frac{d^2 z}{d t^2}$ und bewegt sich mit zunehmender Geschwindigkeit.

Vierter Fall: $\mathbf{R = R. \quad q < 2 R}$.

In dem Intervall $O < P < \left(R - \frac{q}{2}\right)$ steht der Regler still.

In dem Intervall $\left(R - \frac{q}{2}\right) < P < R$ bewegt er sich mit der der Verstellkraft entsprechenden Geschwindigkeit.

In dem Intervall $P > R$ wird er beschleunigt durch $(P - R) = m \frac{d^2 z}{d t^2}$.

Für $P = R$ ergibt Fall 3 und 4 unter Voraussetzung derselben Kraftkurve dieselbe Reglergeschwindigkeit, nämlich den Wert, der der größten Bremswirkung entspricht und nach dessen Überschreitung die Bremswirkung aufhört.

Die Bremswirkung wird also bei einer pendelnden Kraft bei derselben Geschwindigkeit gesprengt, gleichgültig wie groß die Reibung ist.

5. Beispiele des Regelverlaufs.

a) Größe der Verstellkraft.

Die in den Abb. 34 bis 37 wiedergegebenen Diagramme[1]) des Versuchsreglers Abb. 1 zeigen, daß sich stets die Regelperiode in ihrer Gesamtheit innerhalb des Gebietes abspielt, in dem die Bremswirkung effektiv ist. Die Verstellkräfte, Abb. B

[1]) Betreffs der Darstellung vgl. Abschnitt 2 und Abb. 14, S. 15.

und D, sind dauernd geringer, wie die zur größten Bremskraft zugehörige Kraft. Infolgedessen können auch die Verstellgeschwindigkeiten, Abb. C, nicht die zur Bremswirkung zugehörige mittlere Geschwindigkeit überschreiten. Die Reglermassen erreichen unter dem Einflusse der Verstellkraft die in Abb. C ersichtliche Ge-

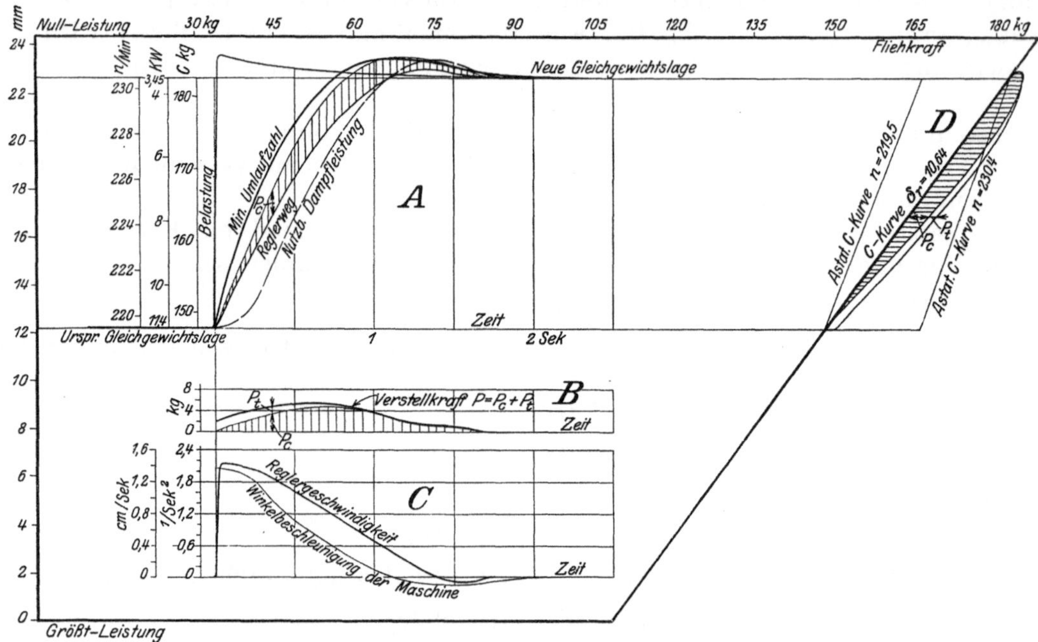

Abb. 34. Versuchsregler. Belastungsabnahme.

Entlastung um . . . . 7,95 kW.
Größtleistung . . . . $N =$ 17,2 kW.
Mittlere Umdrehungszahl in der Minute . . . . $n_m = 225$.
Mittlere Fliehkraft . . . . $C_m = 147$ kg.
Ungleichförmigkeitsgrad durch Fliehkraft . . . $\delta_r =$ 10,64 vH.
Ungleichförmigkeitsgrad durch Beharrungskraft $\delta_b =$ 1,25 vH.
Anlaufzeit der Maschine . . . . $T =$ 5,7 sek.

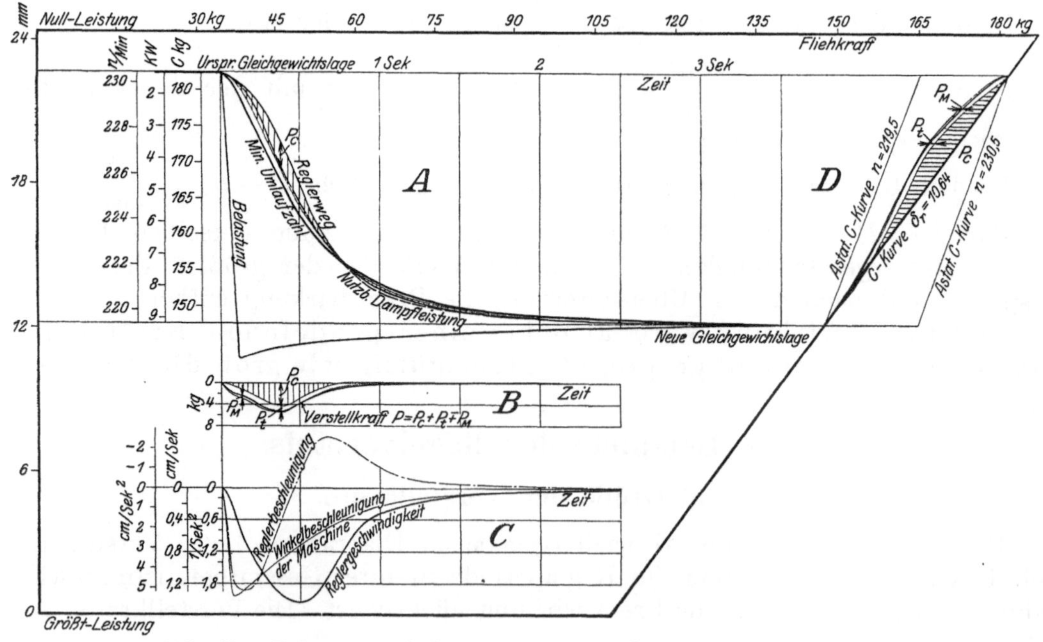

Abb. 35. Belastungserhöhung für die gleichen Werte wie Abb. 34.

schwindigkeit. Diese Geschwindigkeit von beispielsweise 15 mm/sek kann noch groß erscheinen gegenüber dem geringen gesamten Verschiebungsweg des Reglers von 24 mm, aber sie ist absolut genommen klein, und die von den Reglermassen aufgesammelte Energie ist deshalb gering. Die beschleunigenden Kräfte P_m sind so klein, daß sie in der zeichnerischen Darstellung in vielen Fällen nicht ersichtlich gemacht werden können.

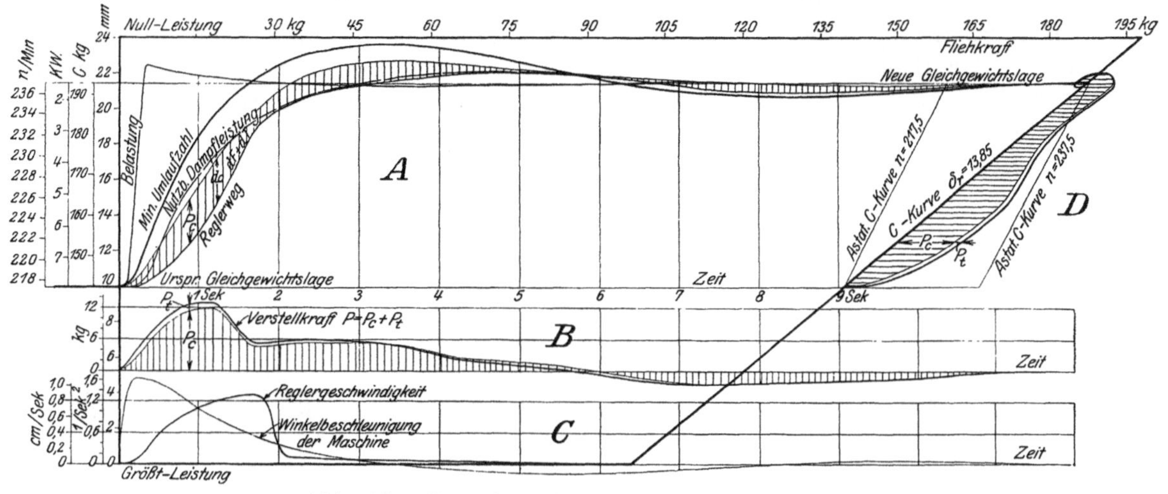

Abb. 36. Versuchsregler. Belastungsabnahme.

Entlastung um . . . . 6,45 kW.
Größtleistung . . . . $N =$ 12,6 kW.
Mittlere Umdrehungszahl in der Minute . . . $n_m = 225$.
Mittlere Fliehkraft . . . . $C_m = 145$ kg.
Ungleichförmigkeitsgrad durch Fliehkraft . . . $\delta_r =$ 13,85 vH.
Ungleichförmigkeitsgrad durch Beharrungskraft $\delta_b =$ 0,91 vH.
Anlaufzeit der Maschine . . . . $T =$ 7,7 sek.

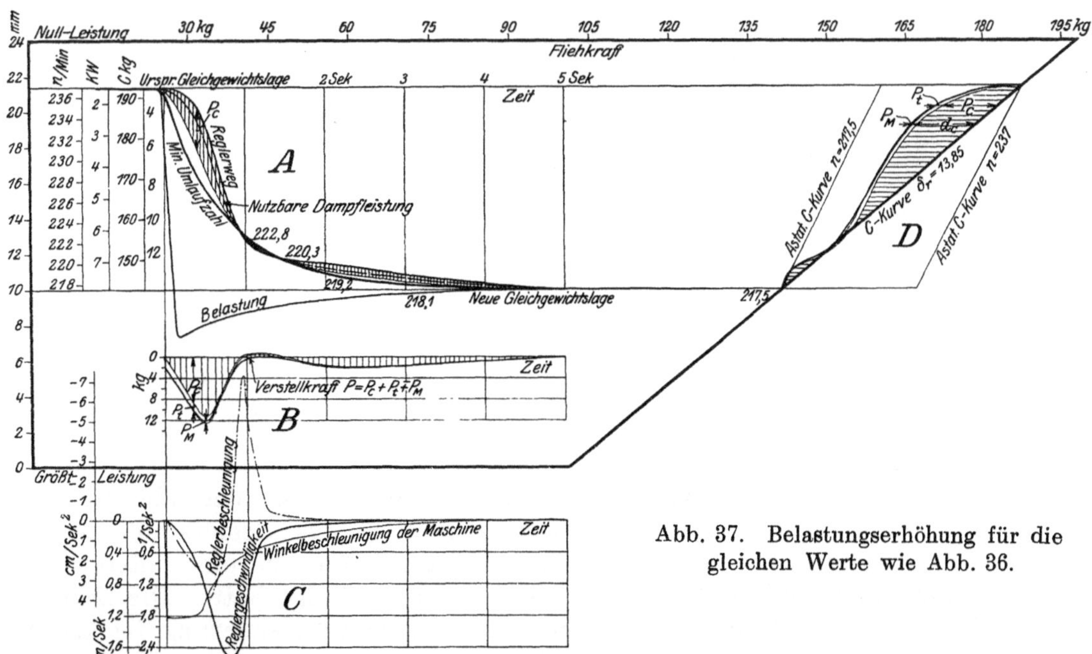

Abb. 37. Belastungserhöhung für die gleichen Werte wie Abb. 36.

Der Vergleich der zusammengehörigen Kurven für Belastungszunahme und Abnahme bei gleicher Größe der Belastungsänderung, gleichem Ungleichförmigkeitsgrad und gleicher innerer Reibung des Reglers, Abb. 34 und 35, sowie Abb. 36 und 37, zeigt deutlich den durch den Verlauf der Rückdruckkraftschwingung sowie die Form der Belastungskurve bedingten Unterschied der Verstellkräfte für Belastung und Entlastung. Die gleiche Verstellbewegung vollzieht sich bei der Belastungszunahme mit kleineren Verstellkräften, und der Übergang findet in den betrachteten Versuchen ohne Überschreitung des neuen Beharrungszustandes statt, während bei der gleichen Belastungsabnahme meist eine kleine Überschreitung des neuen Zustandes eintritt.

Die ganze im Kraftdiagramm D der Abb. 34 bis 37 auftretende Kraftfläche wird von der Bremswirkung nahezu vollkommen verzehrt, und, wenn die Verstellkraft Null wird, hat der Regler kein Bestreben, sich weiter zu bewegen. Die aufzuwendenden Verstellkräfte P dienen also nahezu ausschließlich zur Überwindung der inneren Widerstände des Reglers.

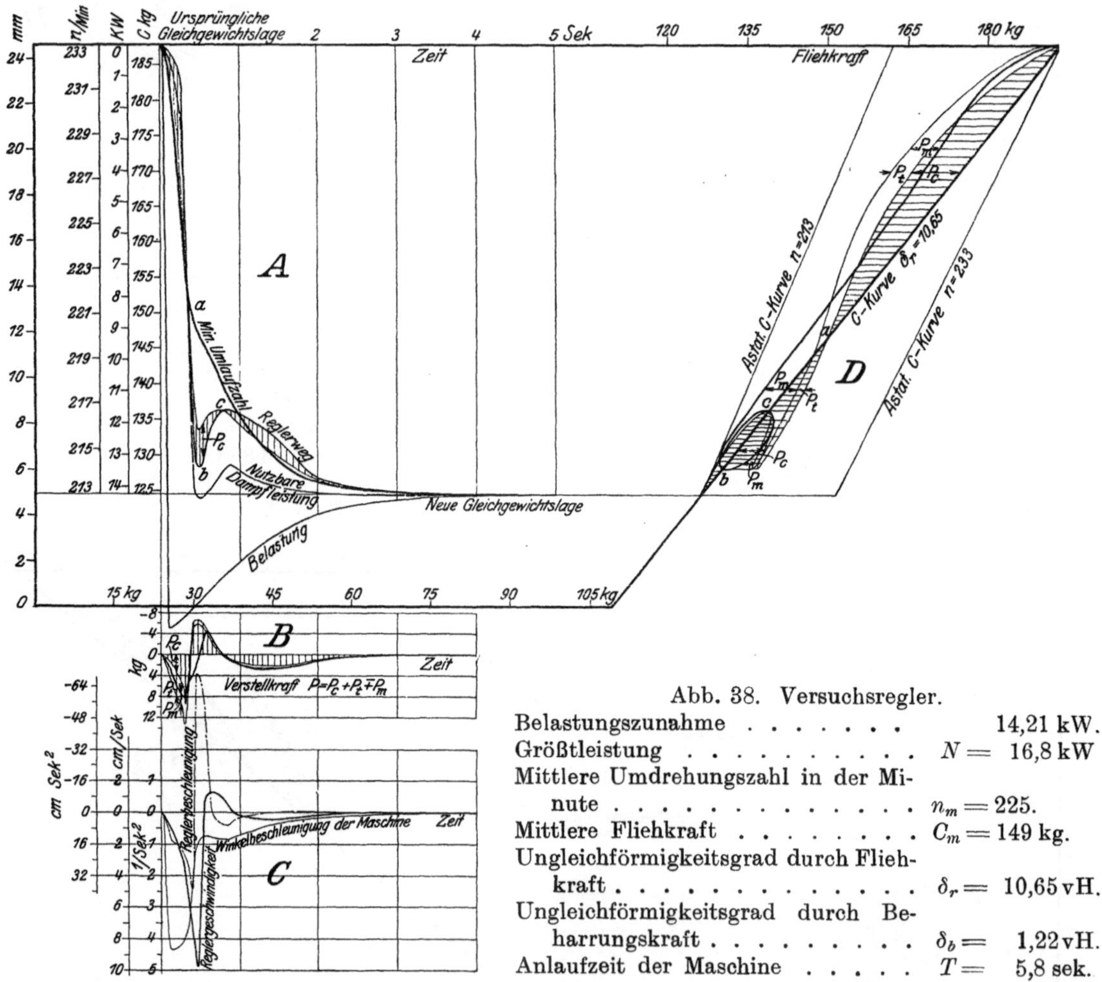

Abb. 38. Versuchsregler.

Belastungszunahme	14,21 kW.
Größtleistung	$N =$ 16,8 kW
Mittlere Umdrehungszahl in der Minute	$n_m = 225$.
Mittlere Fliehkraft	$C_m = 149$ kg.
Ungleichförmigkeitsgrad durch Fliehkraft	$\delta_r =$ 10,65 vH.
Ungleichförmigkeitsgrad durch Beharrungskraft	$\delta_b =$ 1,22 vH.
Anlaufzeit der Maschine	$T =$ 5,8 sek.

Nur in einem Versuche, Abb. 38, konnte bei einer Belastungsänderung von 0 auf 14,25 kW, die nahezu das ganze Belastungsgebiet des Reglers umfaßt, eine größere Überschreitung der Bremskraft beobachtet werden, die eine entsprechende Beschleunigung und Verzögerung der Reglermassen zur Folge hatte. Die Erklärung hierfür liegt darin, daß die infolge der großen Belastungsänderung (elektrischer Einfluß) und raschen Änderung der Umlaufzahl auftretende große Trägheitskraft im Augenblicke der Belastungsänderung zufällig mit einer im Verstellsinne wirkenden großen Rückdruckkraft zusammenfällt[1]). Die hierdurch verfügbare Verstellkraft ist

[1]) Bei der gleichen Belastungsänderung in anderen Kurbelstellungen der Maschine, in denen der Rückdruck nicht unterstützend wirkt, ist der Regelverlauf entsprechend dem der Abb. 34 bis 37.

so groß, daß der Regler in etwa $^1/_3$ Sekunde bis nahe an den neuen Gleichgewichtszustand geschleudert wird. Die Geschwindigkeit, die bis auf nahezu 10 cm/sek ansteigt, Abb. C, entspricht dem augenblicklichen Werte, der dem großen Rückdruck zugehört, und nicht dem Mittelwert einer Umdrehung. Zugleich werden die Reglermassen durch den Unterschied P_m der Verstellkraft $(P_c + P_t)$ und des inneren Widerstandes (kräftig ausgezogene Linie in Abb. B und D) beschleunigt. Bei dem Ausschlage durchschreitet der Regler in a eine Lage, in der annähernd Gleichgewicht zwischen Reglerstellung, Leistung und Fliehkraft des Reglers besteht. In a wechselt die von der Fliehkraft herrührende Verstellkraft P_c ihre Richtung und wirkt der Trägheitskraft P_t und der Massenbeschleunigung P_m entgegen, Abb. D und B, durch deren Wirkung schließlich in b der Regler zum Stillstand kommt. Von b ab bewegt sich der Regler zurück unter dem Einfluß der negativen Verstellkraft P_c und kommt in c zur Ruhe, indem hier der Unterschied $(P_c - P_t)$ zu Null wird. In diesem Punkte c wird auch die Massenbeschleunigung P_m zu Null, indem in dem Bereich bc die Beschleunigungsfläche durch eine entsprechende Verzögerungsfläche aufgezehrt wird. Der anschließende Übergang von c bis zur endlichen Gleichgewichtslage des neuen Belastungszustandes vollzieht sich wie bei den früher behandelten Vorgängen.

Der Versuch Abb. 38 ist insofern von besonderem Interesse, als er zeigt, wie eine durch Trägheitswirkung und Rückdruck hervorgerufene zu große Verstellkraft, die eine raschere Füllungsänderung der Maschine anstrebt, als der Änderung der Umdrehungszahl bei der der Belastungsänderung entsprechenden Beschleunigung der Maschine zugehört, durch Eingreifen des Fliehkraftreglers beherrscht wird.

b) Verhältnis zwischen Verstellkraft und Verstellgeschwindigkeit.

Was den Zusammenhang zwischen Verstellgeschwindigkeit und Verstellkraft angeht, so ist aus dem Vergleich der Kurve B der Verstellkräfte mit der Geschwindigkeitskurve C in Abb. 14 und 34—38 zu erkennen, daß bei allen Versuchen eine angenäherte Proportionalität zwischen beiden Kurven besteht, wie sie nach den Untersuchungen Abb. 26, 29 und 32 zu erwarten war. Insbesondere ist bei dem Versuche Abb. 14 an der langsam laufenden liegenden Maschine diese Proportionalität ziemlich vollkommen, während bei den Regelversuchen Abb. 34—38 an der raschlaufenden stehenden Maschine zwar die Tendenz vorhanden ist, die Übereinstimmung aber nicht so vollständig vorliegt. Die Ursache hierfür liegt darin, daß bei der stehenden Maschine der Reglerweg so klein ist im Verhältnis zu den auftretenden Geschwindigkeiten, daß die gesamte Reglerbewegung beinahe in weniger als einer Umdrehung ausgeführt wird. Wenn nun durch Derivation des mittleren Reglerwegs die Reglergeschwindigkeit ermittelt wird, so spielen in größerem oder geringerem Grade die augenblicklichen Geschwindigkeiten während der Schwingungsperioden herein, und mit diesen ist ja der Widerstand nicht proportional. Bei dem Jahnsregler ist dagegen die gesamte Bewegung des Reglers wie auch die innere Reibung erheblich größer, und zwar sowohl absolut, wie auch im Verhältnis zu der auftretenden schwingenden Kraft, so daß die Verstellgeschwindigkeit wesentlich

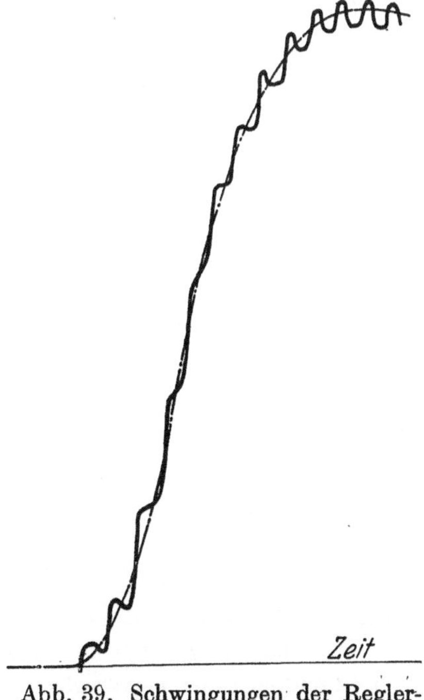

Abb. 39. Schwingungen der Reglerbewegung um die mittlere Reglerwegkurve (Jahnsregler).

kleiner wird wie bei der raschlaufenden Maschine. Der Regelvorgang erstreckt sich zugleich über so viele Perioden, daß die mittlere Geschwindigkeit sicher festliegt. Abb. 39 zeigt für ein Beispiel den Verlauf der Schwingungen um die Verstellkurve.

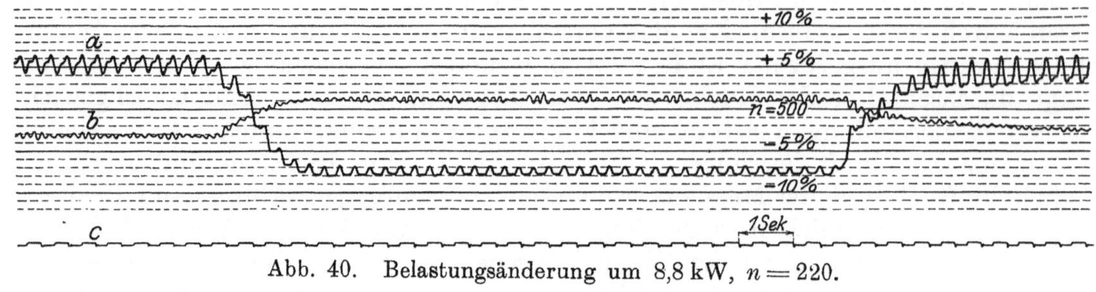

Abb. 40. Belastungsänderung um 8,8 kW, $n = 220$.

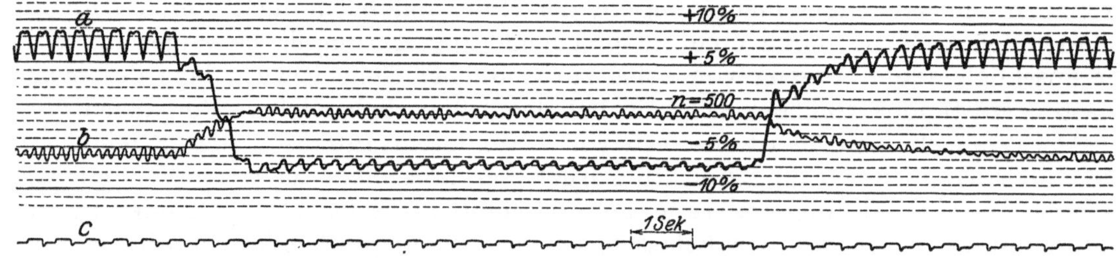

Abb. 41. Belastungsänderung um 10,35 kW, $n = 180$.

Abb. 40 und 41. Lokomobilregler. Aufgenommene Kurven der Umdrehungszahl und des Reglerwegs bei Entlastung und Belastung.

a = Reglerweg. b = Umdrehungszahl. c = Zeitmarkierung.

Ähnliche Verhältnisse wie für den Regler der stehenden raschlaufenden Maschine bestehen auch für den Lokomobilregler Abb. 5, nur ist bei diesem durch kleine Reglermasse und geringe Innenreibung die durch den Steuerungsrückdruck hervorgerufene Pendelung größer wie bei dem Regler der stehenden Maschine. Abb. 40 und 41 zeigen nach den Originaldiagrammen einige Schwingungs-

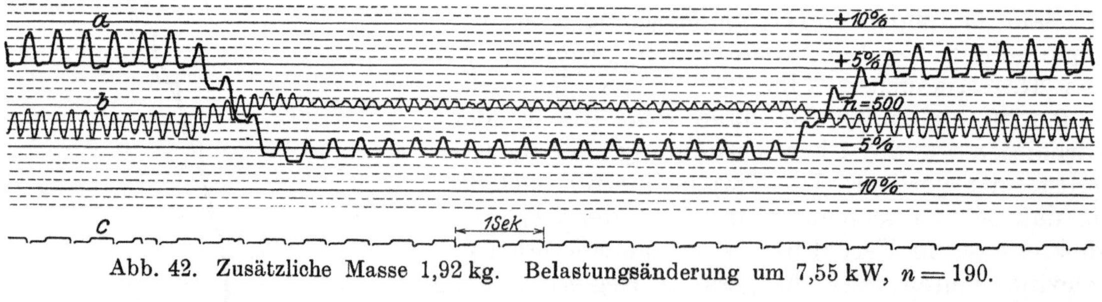

Abb. 42. Zusätzliche Masse 1,92 kg. Belastungsänderung um 7,55 kW, $n = 190$.

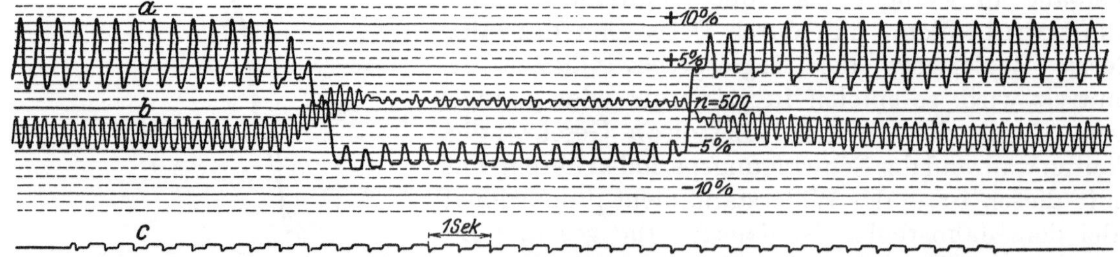

Abb. 43. Zusätzliche Masse 5,14 kg. Belastungsänderung um 8,91 kW, $n = 190$.

Abb. 42 und 43. Lokomobilregler. Originaldiagramme bei Vergrößerung der Rückdruckpendelungen durch Vergrößerung der hin- und hergehenden Masse der Steuerung.

a = Reglerweg. b = Umdrehungszahl. c = Zeitmarkierung.

bilder des Reglerwegs und der Umdrehungszahl. Abb. 40 entspricht den normalen Betriebsverhältnissen der Maschine: Entlastung um 8,8 kW und gleiche Belastungserhöhung bei 220 Umdrehungen i. d. Min., Abb. 41 einer Entlastung um 10,35 kW bei ca. 180 Umdrehungen. Abb. 42 und 43 zeigen schließlich Diagramme mit Vergrößerung der Rückdruckschwingungen durch Vermehrung der hin- und hergehenden Massen der Steuerung durch zusätzliche Gewichtsbelastung. In Abb. 43 mit einer zusätzlichen Belastung von 5,14 kg ist besonders beachtenswert der bei Belastungszunahme augenblickliche Übergang unter Ausnutzung der verfügbaren schwingenden Rückdruckkraft gegenüber dem mehrstufigen Übergang bei Entlastung.

c) Einfluß der Größe der inneren Reibungswiderstände des Reglers auf den Regelvorgang.

Den Einfluß der Innenreibung auf den Regelvorgang des Lokomobilreglers zeigen Abb. 44—48. Abb. 44 und 45 kennzeichnen den Regelvorgang bei einem Ungleichförmigkeitsgrad von 3,5 vH., Abb. 44 unter normalen Betriebsverhältnissen mit großen Rückdruckpendelungen, Abb. 45 mit Anziehung der im Regler eingebauten Reibungsbremse derart, daß die Rückdruckpendelungen nahezu verschwinden. In den Diagrammen sind nur die Kurven der Umlaufzahl, der Reglerbewegung und die Fliehkraftkurve eingetragen, um hierdurch die Deutlichkeit der Darstellung zu erhöhen. Der Regelvorgang ist in Abb. 44 in der zweiten Periode beendet. Die Umdrehungszahl überschreitet den neuen Beharrungszustand um max. 3,1 vH. Wird durch Anziehung der Bremse, Abb. 45, die

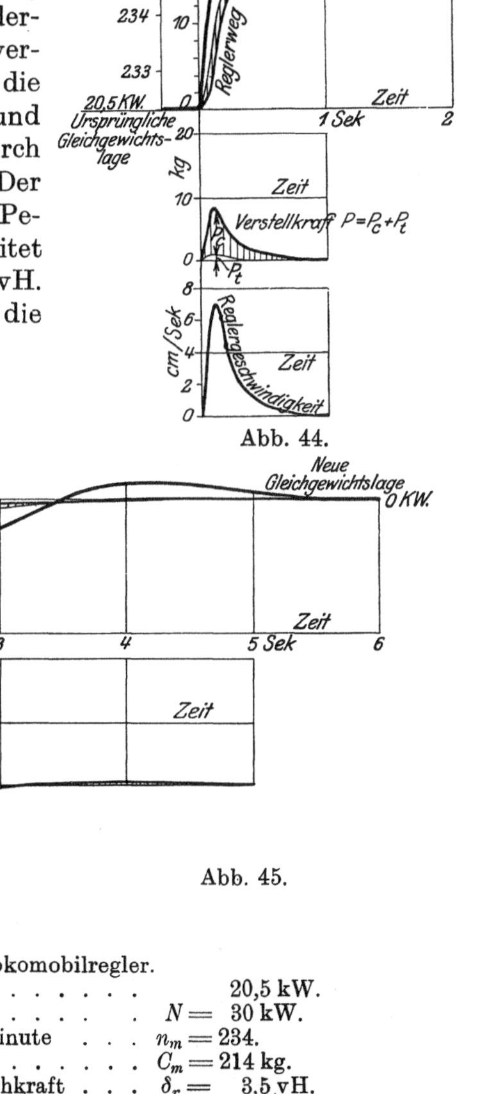

Abb. 44.

Abb. 45.

Abb. 44 und 45. Lokomobilregler.

Entlastung um . . . . 20,5 kW.
Größtleistung . . . . $N =$ 30 kW.
Mittlere Umdrehungszahl in der Minute . . . $n_m = 234$.
Mittlere Fliehkraft . . . . $C_m = 214$ kg.
Ungleichförmigkeitsgrad durch Fliehkraft . . . $\delta_r =$ 3,5 vH.
Ungleichförmigkeitsgrad durch Beharrungskraft $\delta_b =$ 0,175 vH.
Anlaufzeit der Maschine . . . . $T =$ 5,5 sek.

Rückdruckpendelung aufgehoben, so ergibt sich eine Verzögerung der Reglerbewegung und, wegen der Notwendigkeit größere Verstellkräfte zu erzeugen, auch eine größere Überschreitung der Umdrehungszahl des neuen Belastungszustandes. Diese Überschreitung beträgt max. 11 vH. Der Regelvorgang umfaßt 3 Perioden.

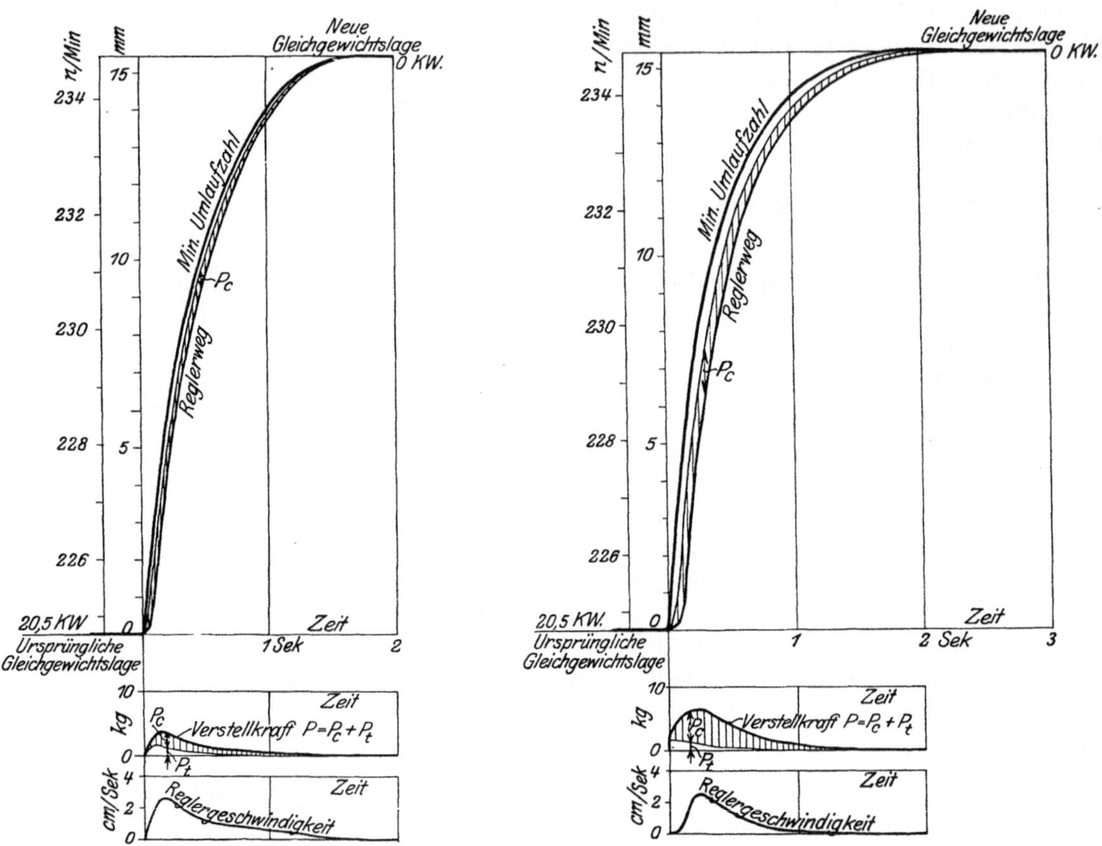

Abb. 46 und 47. Lokomobilregler wie Abb. 44 und 45, aber mit Ungleichförmigkeitsgrad durch Fliehkraft . . . $\delta_r = 14{,}5$ vH. Ungleichförmigkeitsgrad durch Beharrungskraft $\delta_b = 0{,}55$ vH.

Bei großem Ungleichförmigkeitsgrad $\delta_r = 14{,}5$ vH. ergibt sich bei derselben Belastungsänderung beim freischwingenden Regler, Abb. 46, wie beim gebremsten Regler, Abb. 47, keine Überschreitung der Umlaufzahl des neuen Gleichgewichtszustandes, d. h. eine aperiodische Bewegung. Die dynamischen Verstellkräfte sind im letzteren Falle etwa doppelt so groß und der Regelvorgang wird etwas verlängert. Auch bei abgebremstem Regler werden durch die in einer Richtung wirkende Verstellkraft die pendelnden Kräfte in der auf S. 34 besprochenen Weise zu einem gewissen Grade frei, und zwar schon bei ge-

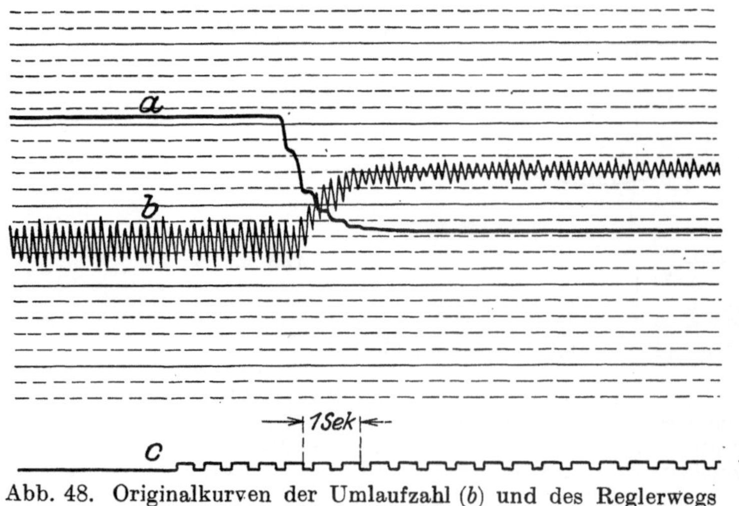

Abb. 48. Originalkurven der Umlaufzahl (*b*) und des Reglerwegs (*a*) zu Abb. 47.

ringer Größe der Verstellkraft (siehe Originalkurven Abb. 48 zu Versuch Abb. 47). Aus diesem Grunde und zugleich infolge des Auftretens der Trägheitskräfte ist auch bei abgebremstem Regler kein eigentliches Gebiet der Unempfindlichkeit mit völligem Stillstand des Reglers vorhanden. Der Regler setzt sich sofort in Bewegung, wenn auch langsamer wie bei freier Schwingung.

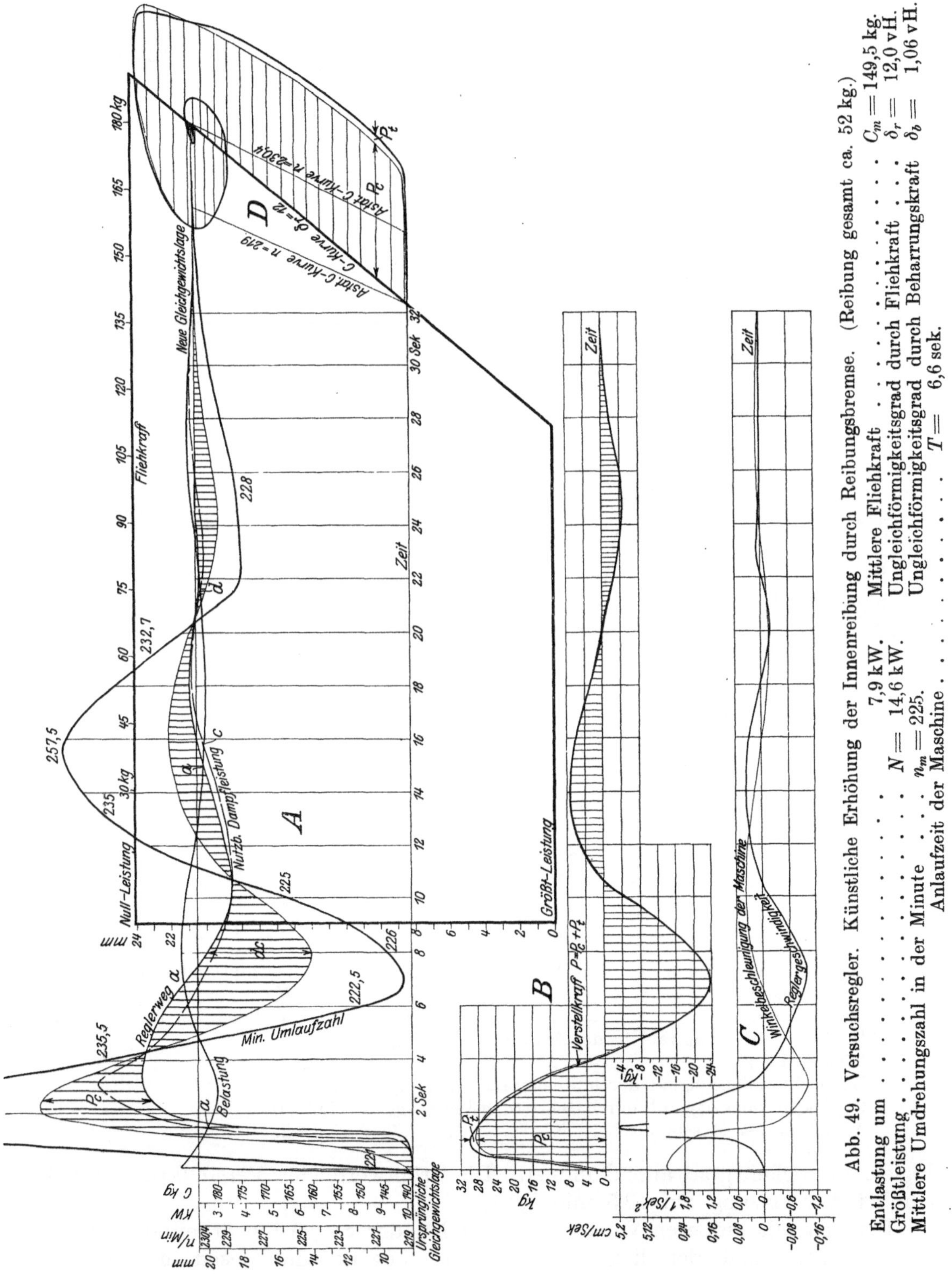

Abb. 49. Versuchsregler. Künstliche Erhöhung der Innenreibung durch Reibungsbremse. (Reibung gesamt ca. 52 kg.)

Entlastung um . . . . 7,9 kW. Mittlere Fliehkraft . . . . $C_m = 149,5$ kg.
Größtleistung . . . . $N = 14,6$ kW. Ungleichförmigkeitsgrad durch Fliehkraft . . . $\delta_r = 12,0$ vH.
Mittlere Umdrehungszahl in der Minute . . . $n_m = 225$. Ungleichförmigkeitsgrad durch Beharrungskraft $\delta_b = 1,06$ vH.
Anlaufzeit der Maschine . . . . $T = 6,6$ sek.

Die sehr günstige Form der Regelkurven ist in der geringen Eigenreibung des Reglers begründet, die es ermöglicht, bei ungebremstem Regler mit Verstellkräften von max. 8,0 kg bei dem kleinen Ungleichförmigkeitsgrad und von 3,5 kg bei großem

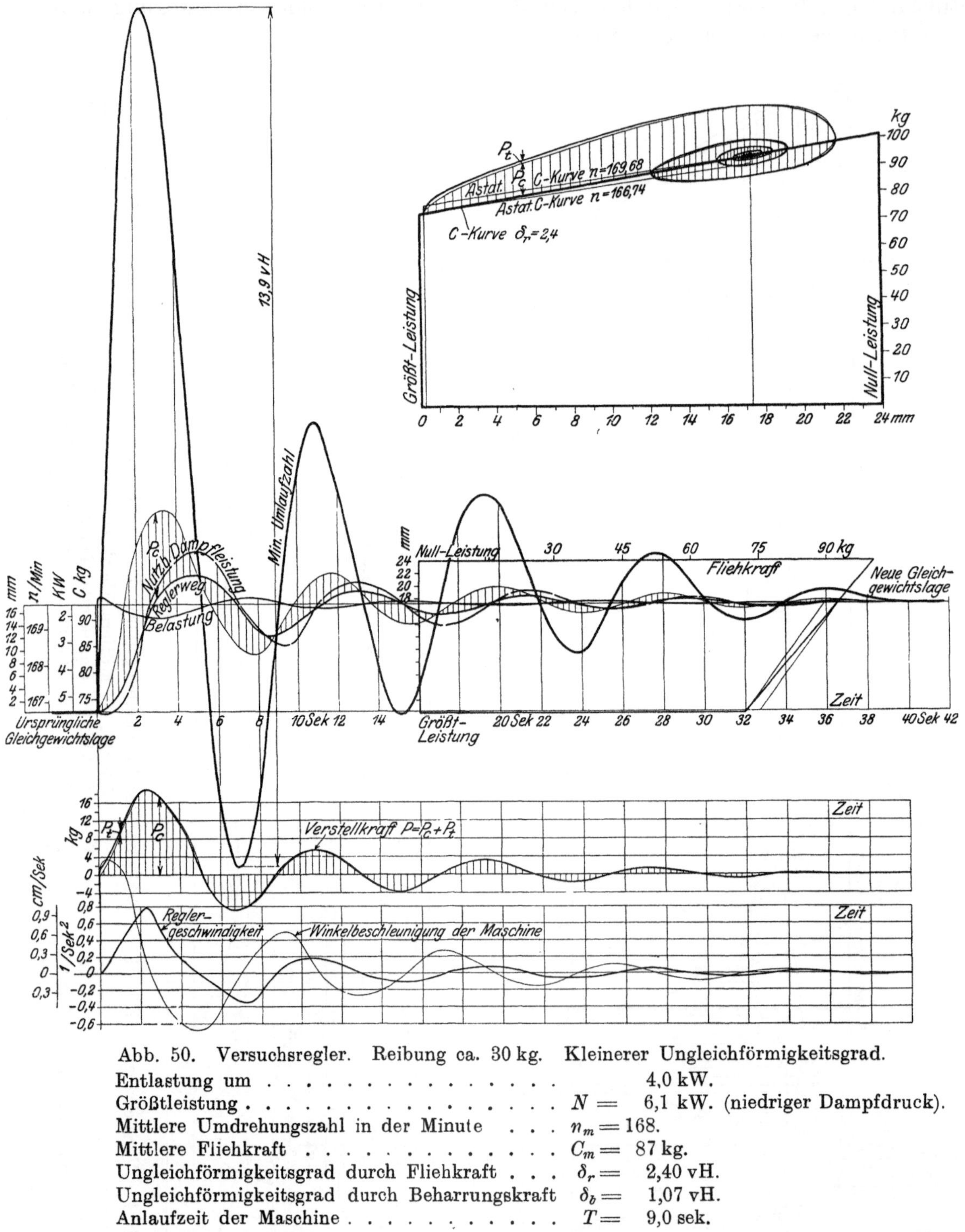

Abb. 50. Versuchsregler. Reibung ca. 30 kg. Kleinerer Ungleichförmigkeitsgrad.

Entlastung um		4,0 kW.
Größtleistung	$N =$	6,1 kW. (niedriger Dampfdruck).
Mittlere Umdrehungszahl in der Minute . . .	$n_m =$	168.
Mittlere Fliehkraft	$C_m =$	87 kg.
Ungleichförmigkeitsgrad durch Fliehkraft . . .	$\delta_r =$	2,40 vH.
Ungleichförmigkeitsgrad durch Beharrungskraft	$\delta_b =$	1,07 vH.
Anlaufzeit der Maschine	$T =$	9,0 sek.

Ungleichförmigkeitsgrad auszukommen. Die Größtwerte der Verstellkräfte erhöhen sich bei Abbremsung auf 12,5 und 7,0 kg.

Bei den mit größeren Verstellwiderständen der Steuerung arbeitenden Reglern der stehenden und der liegenden Maschine bewirkt die Beseitigung der vom

Steuerungsrückdruck hervorgerufenen Pendelungen durch Erhöhung der Innenreibung eine bedeutende Verlängerung des Regelvorganges und Vergrößerung der Reglerschwingungen. Abb. 49 kennzeichnet den Regelvorgang der stehenden Maschine für dieselbe Belastungsänderung, Umdrehungszahl und denselben Ungleichförmigkeitsgrad wie Abb. 34. Die Innenreibung ist in Abb. 49 durch Anziehen der in Abb. 17 ersichtlichen Reibungsbremse mit einer zusätzlichen Reibungskraft von 41,7 kg so gesteigert, daß die Reibung der Ruhe nahezu die Schwingungen der rückwirkenden Kräfte aufhebt. Die Bewegung des Reglers tritt auch hier sofort ein, da die Pendelungen nicht ganz aufgehoben sind, doch erfolgt sie wegen des sehr großen Widerstandes anfänglich sehr langsam[1]). Erst nach etwa einer Sekunde ist die Verstellkraft so groß, daß die Bewegung rascher vor sich geht. Inzwischen aber ist die Umdrehungszahl so hoch gestiegen, daß sie in der ersten Periode den neuen Gleichgewichtszustand weit überschreitet. (Geschwindigkeits-Erhöhung über die Umlaufzahl des neuen Belastungszustandes 9 vH. gegenüber 0,4 vH. bei normaler Innenreibung, Abb. 34.) Zur Verlegung der Steuerung werden in der ersten Regelperiode Verstellkräfte von max. 30 kg erforderlich, die in der Hauptsache durch Steigerung der Umlaufzahl erzeugt werden, während die Trägheitskräfte keinen nennenswerten Einfluß ausüben. Die bei frei schwingendem Regler, Abb. 34 und 36, für die Verstellbewegung entscheidende Trägheitskraft wird durch die Erhöhung der Eigenreibung ziemlich bedeutungslos. Beachtenswert ist, daß auch hier die Verstellkräfte wesentlich kleiner sind wie die innere Reibung des Reglers. Trotz der sehr bedeutenden Schwingung der Umlaufzahl, die in der zweiten Periode nahezu auf die ursprüngliche Umlaufzahl herabsinkt, ist der Ausschlag des Reglers teils infolge der Dämpfung durch die Reibungswiderstände und teils dadurch, daß der Regler bei der Schwingung seine Anschläge erreicht, relativ gering, und die Reglermassen kommen nach vier Regelperioden in den Ruhezustand der neuen Belastung. Das Kraft-Weg-Diagramm D, Abb. 49, kennzeichnet die bedeutende Kraftsteigerung zur Überwindung der Reibungswiderstände.

Abb. 50 zeigt einen Versuch an dem gleichen Regler mit einer Innenreibung von ca. 30 kg bei kleinerer Umdrehungszahl und kleinerem Ungleichförmigkeitsgrad ($\delta_r = 2{,}4$ vH.). Die im Vergleich der Abb. 50 mit 49 ersichtliche größere Schwingungszahl ist hauptsächlich in der Verkleinerung der Umdrehungszahl, der Fliehkraft und des Ungleichförmigkeitsgrads begründet. Der Einfluß der Reibung äußert sich in gleicher Weise wie in Abb. 49. Die größte Überschreitung der Umdrehungszahl des neuen Belastungszustandes beträgt 9,6 vH.

Der Versuch kennzeichnet in typischer Weise, wie die im Verhältnis zur Fliehkraft, Abb. D, sehr bedeutenden inneren Widerstände durch die Verstellkraft P überwunden werden, ohne daß trotz der großen Reibung ein Gebiet der Unempfindlichkeit besteht oder irgendwelche Kräfte zur Beschleunigung und Verzögerung der Reglermassen auftreten.

Den gleichen ungünstigen Einfluß größerer Reibung zeigen auch die Versuche Abb. 52—54 an dem Jahnsregler im Vergleich zu den normalen Betriebsverhältnissen Abb. 51. Die Versuche entsprechen gleicher Belastungsänderung. Bei den Versuchen Abb. 51—53 ist die Axialfeder F, Abb. 7b, ungespannt, die Umdrehungszahl beträgt im Mittel 120. Bei dem Regelvorgang Abb. 52 wurde die Trägheitsmasse des Reglers durch Hinzufügung von Gewichten am Trägheitsring um etwa 50 vH. vergrößert. Hiermit nehmen die Trägheitskräfte P_t zu, gleichzeitig aber

[1]) Aus der Berechnung Abb. 31, die dem gleichen Regler zugehört, geht ebenfalls hervor, daß die Verstellgeschwindigkeit bei einer Verstellkraft von 5 kg und $R =$ ca. 52 kg (ursprüngliche Reibung + zusätzliche Reibung 41,7 kg) sehr gering ist.

werden die Reibungswiderstände größer, indem die zusätzliche Beharrungsmasse bei ihrer Abstützung auf der Welle die Reibung zwischen Trägheitsring und Welle erhöht. Infolgedessen werden die Rückdruckpendelungen kleiner und die notwendige Verstellkraft nimmt zu. Das Verhältnis $K = \frac{\text{Verstellkraft}}{\text{Reglergeschwindigkeit}}$, das nach früherem annähernd unveränderlich ist, wächst von 13 in Abb. 51 auf 23 in Abb. 52. Die Vergrößerung der Beharrungsmasse wird also durch die von ihr hervorgerufene Vergrößerung der Reibung wirkungslos. Der Regelvorgang dauert länger und die Schwankungen der Umlaufzahl werden größer.

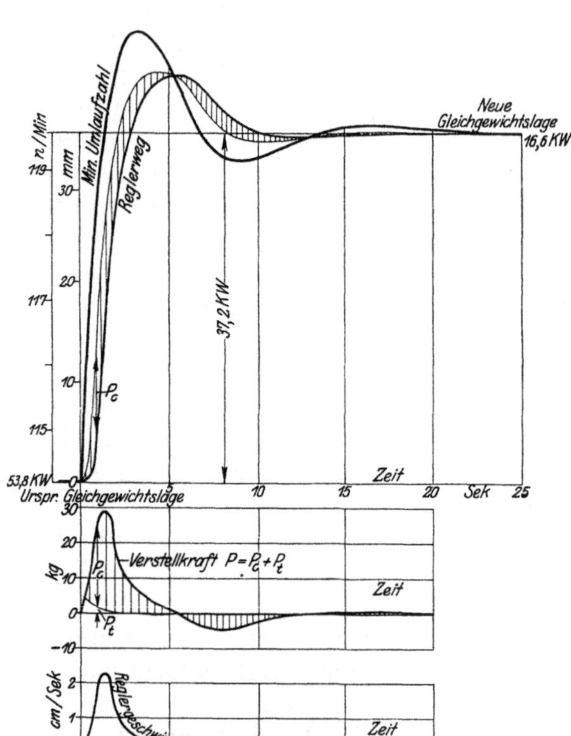

Abb. 51. Jahnsregler. Normale Betriebsverhältnisse.

Entlastung um . . . . 37,2 kW.
Größtleistung . . . . $N =$ 75 kW.
Mittlere Umdrehungszahl in der Minute . . . . $n_m = 115$.
Ungleichförmigkeitsgrad durch Fliehkraft . . . . $\delta_r =$ 13,20 vH.
Ungleichförmigkeitsgrad durch Beharrungskraft . . . . . . $\delta_b =$ 0,57 vH.
Anlaufzeit der Maschine . . . . $T =$ 20 sek.
$\frac{\text{Verstellkraft}}{\text{Reglergeschwindigkeit}}$ . . . . . $K = 13 \frac{\text{kg}}{\text{cm/sek}}$.

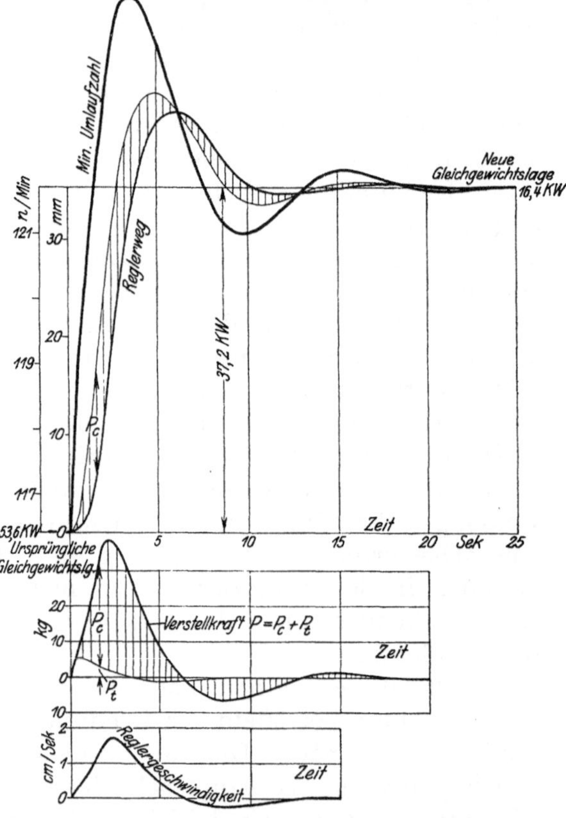

Abb. 52. Jahnsregler. Vergrößerung der Trägheitsmasse des Trägheitsrings durch Gewicht.

Entlastung um . . . . 37,2 kW.
Größtleistung . . . . $N =$ 75 kW.
Mittlere Umdrehungszahl in der Minute . . . . $n_m = 117$.
Ungleichförmigkeitsgrad durch Fliehkraft . . . . $\delta_r =$ 12,2 vH.
Ungleichförmigkeitsgrad durch Beharrungskraft . . . . . . $\delta_b =$ 0,68 vH.
Anlaufzeit der Maschine . . . . $T =$ 17,75 sek.
$\frac{\text{Verstellkraft}}{\text{Reglergeschwindigkeit}}$ . . . . . $K = 23 \frac{\text{kg}}{\text{cm/sek}}$.

Abb. 53 zeigt für ungefähr die gleichen Verhältnisse wie 51 den Einfluß einer Vergrößerung der rückwirkenden Kräfte durch zusätzliche Belastung des Außenexzenters mit einem Bleigewicht von 20 kg. Die Pendelungen infolge der rückwirkenden Kräfte werden hierdurch wesentlich vergrößert, zugleich aber nimmt auch die Innenreibung des Reglers zu, indem der Reibungswiderstand des Innenexzenters sich erhöht. Infolgedessen tritt auch keine Verbesserung des Regelvorgangs ein, sondern die Größe und Anzahl der Schwingungen nehmen gegenüber Abb. 52

bedeutend zu. Durch die zusätzliche Belastung wird der pulsierende Charakter der rückwirkenden Kräfte so verändert, daß die Verstellwiderstände gegen Größtfüllung wesentlich vermindert werden gegenüber denen in Richtung der Nullfüllung. Die Verhältnisse liegen ähnlich wie bei der Untersuchung einer Ventilsteuerung, Abb. 32. Die Verhältniszahl $K = \frac{\text{Verstellkraft}}{\text{Reglergeschwindigkeit}}$ beträgt 13 gegen Größtfüllung, 29 gegen Nullfüllung. Die Schwingungen der Umlaufzahl, Abb. 53, sind in Richtung abnehmender Belastung ungefähr im Verhältnisse der K-Werte größer.

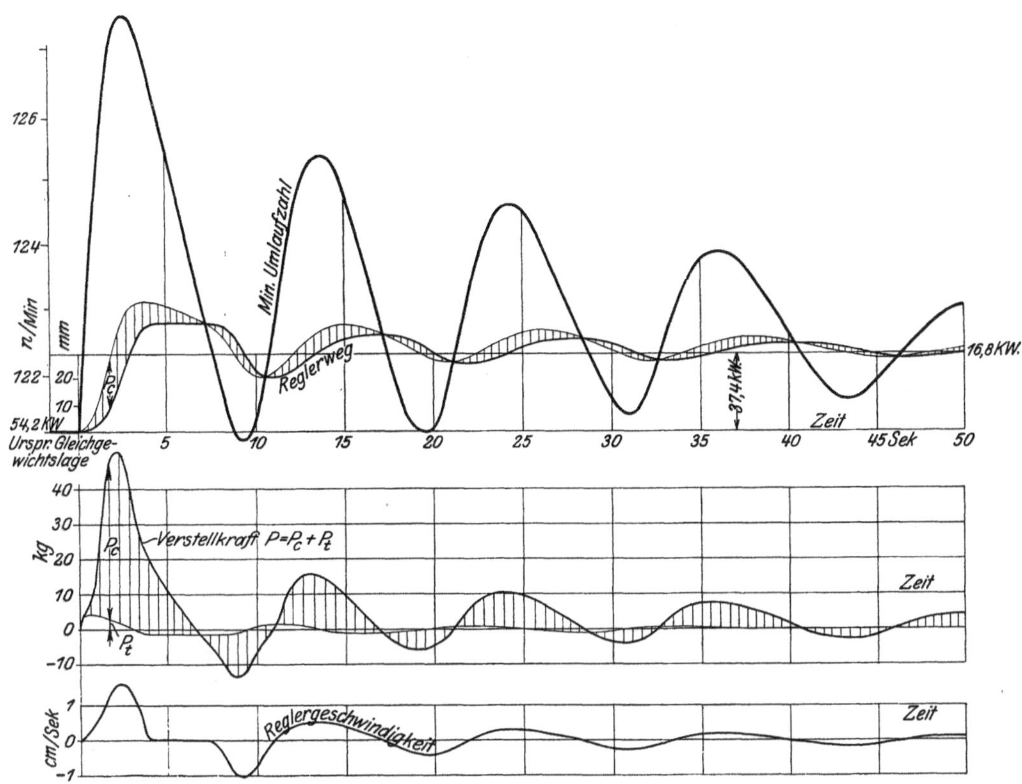

Abb. 53. Jahnsregler. Vergrößerung der Rückdruckkräfte durch zusätzliche Belastung des Exzenters. Kleiner Ungleichförmigkeitsgrad.

Entlastung um		37,4 kW.
Größtleistung	$N =$	75 kW.
Mittlere Umdrehungszahl in der Minute	$n_m =$	121.
Ungleichförmigkeitsgrad durch Fliehkraft . . .	$\delta_r =$	2,8 vH.
Ungleichförmigkeitsgrad durch Beharrungskraft	$\delta_b =$	0,19 vH.
Anlaufzeit der Maschine	$T =$	20 sek.
$\frac{\text{Verstellkraft}}{\text{Reglergeschwindigkeit}}$	$K =$	29 u. 13 $\frac{\text{kg}}{\text{cm/sek}}$.

Der Versuch Abb. 54 unterscheidet sich von den drei vorhergehenden durch die Anspannung der axialen Feder des Reglers, die einerseits eine Erhöhung der Umdrehungszahl auf 138, zugleich aber auch eine bedeutende Vergrößerung der Innenreibung hervorruft. Die Form der Rückdruckkraftkurve in Verbindung mit der großen Reibung bewirkt, daß die Verstellkräfte in Richtung der Nullfüllung wesentlich wirksamer sind wie gegen Größtfüllung (umgekehrt wie bei dem Versuche Abb. 53). Es werden daher für die Verstellung in Richtung größerer Füllung bedeutend größere Verstellkräfte und größere Umdrehungszahlschwankungen erforderlich.

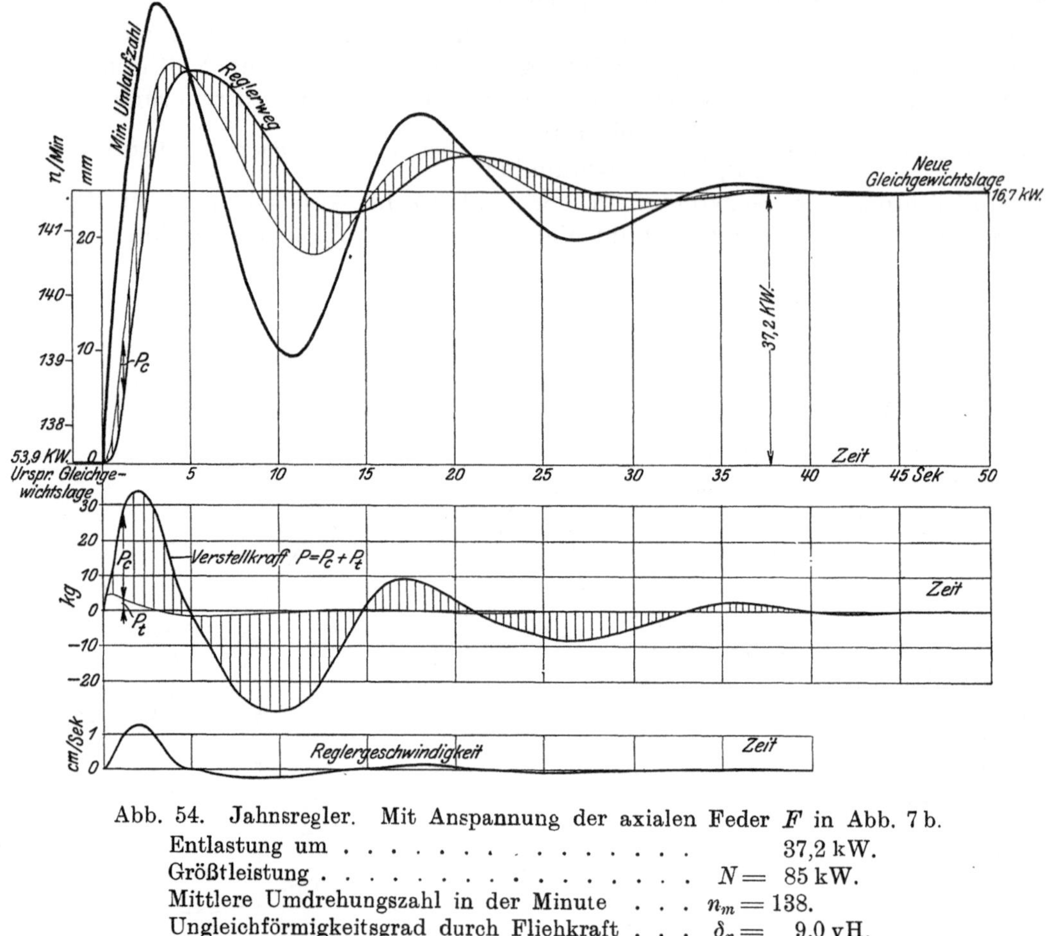

Abb. 54. Jahnsregler. Mit Anspannung der axialen Feder F in Abb. 7 b.

Entlastung um	37,2 kW.
Größtleistung	$N =$ 85 kW.
Mittlere Umdrehungszahl in der Minute . . .	$n_m = 138$.
Ungleichförmigkeitsgrad durch Fliehkraft . . .	$\delta_r =$ 9,0 vH.
Ungleichförmigkeitsgrad durch Beharrungskraft	$\delta_b =$ 0,324 vH.
Anlaufzeit der Maschine	$T =$ 25 sek.

$$K = \text{schwankend bis } 110 \frac{\text{kg}}{\text{cm/sek}}.$$

d) Einfluß des Ungleichförmigkeitsgrades auf den Regelvorgang.

Bei den in Abb. 34—38, 46—49, 51, 52 und 54 mitgeteilten Versuchen ist der Ungleichförmigkeitsgrad verhältnismäßig groß. Es soll nun im folgenden gezeigt werden, welchen Einfluß eine Veränderung des Ungleichförmigkeitsgrades auf den Regelvorgang ausübt. Es ist ohne weiteres klar, und auch aus dem Vergleich der früher mitgeteilten Diagramme ersichtlich, daß die Ruhe und Raschheit der Regelung mit Vergrößerung des Ungleichförmigkeitsgrades zunimmt, insofern die für die Verstellbewegung notwendige Erhöhung der Umdrehungszahl zu einem wesentlichen Teile oder ganz innerhalb des Bereiches des Ungleichförmigkeitsgrades fällt. Eine Regelung ohne jede Überschreitung des neuen Gleichgewichtszustandes ist überhaupt nur von einer gewissen Größe des Ungleichförmigkeitsgrades ab erreichbar und kann bei sehr kleinem δ_r nicht erzielt werden, da die Erzeugung der Verstellkraft P_c eine Erhöhung der Umdrehungszahl voraussetzt, die von der absoluten Größe der erforderlichen Verstellkraft abhängt. Diese Erhöhung wird natürlich um so geringer sein, je größer die Umlaufzahl ist, da mit steigender Umdrehungszahl die notwendige Verstellkraft im Verhältnis zur Fliehkraft abnimmt. Bei welchem Ungleichförmigkeitsgrade die Grenze erreicht wird, bei der die Reglerschwingung aperiodisch wird, ist abhängig von den Eigenwiderständen des Reglers in Verbindung mit den Rückdruckpendelungen sowie von den Abmessungen des Reglers, und wird in Abschnitt 7, S. 62 erörtert. Für Ungleichförmigkeitsgrade, die größer sind als dieser Grenze entspricht, hat eine Vergrößerung von δ_r keinen wesentlichen Einfluß auf den Charakter des Regelvorganges.

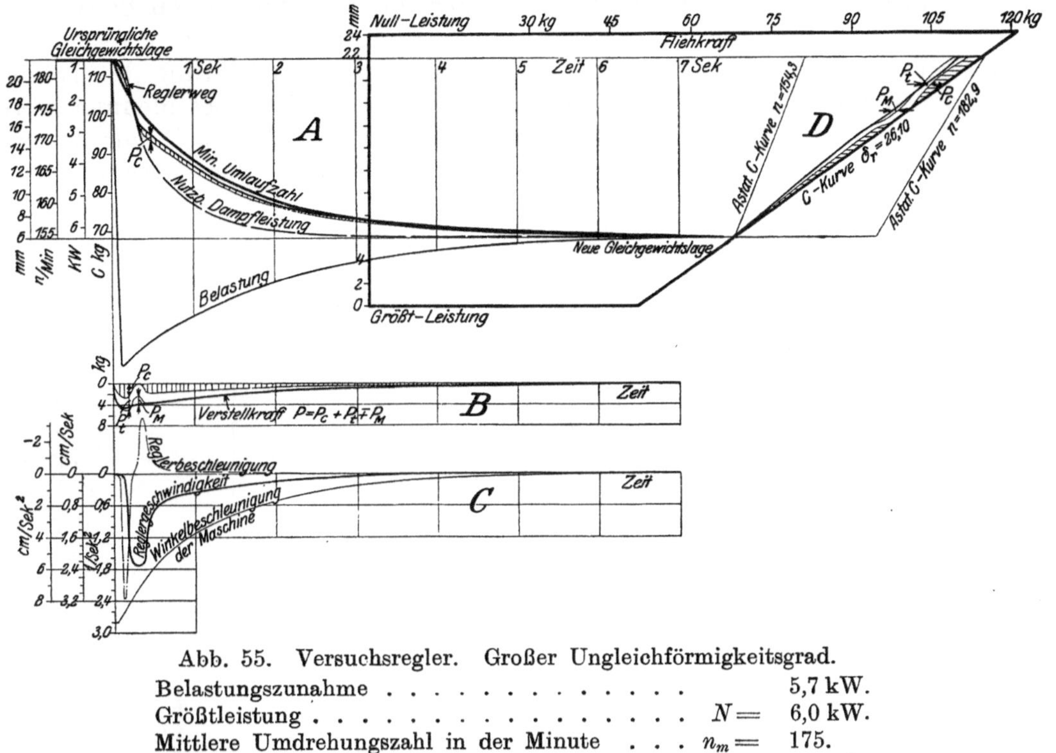

Abb. 55. Versuchsregler. Großer Ungleichförmigkeitsgrad.

Belastungszunahme		5,7 kW.
Größtleistung	$N =$	6,0 kW.
Mittlere Umdrehungszahl in der Minute	$n_m =$	175.
Ungleichförmigkeitsgrad durch Fliehkraft	$\delta_r =$	26,1 vH.
Ungleichförmigkeitsgrad durch Beharrungskraft	$\delta_b =$	1,23 vH.
Anlaufzeit der Maschine	$T =$	7,4 sek.

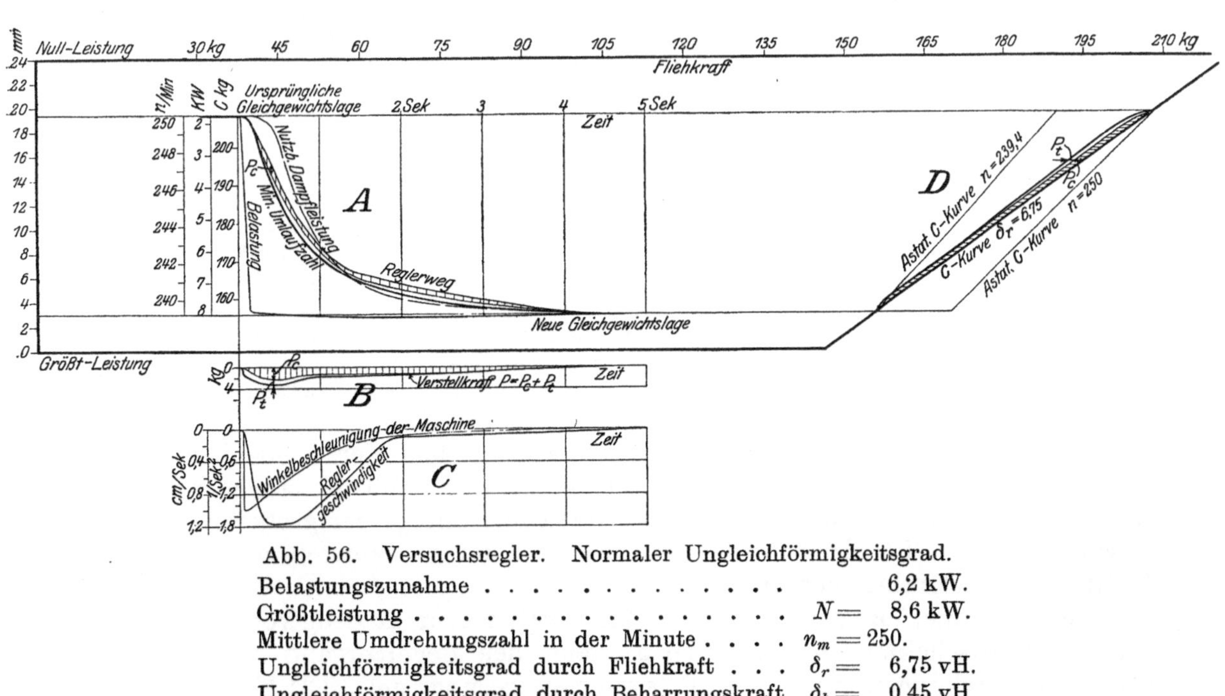

Abb. 56. Versuchsregler. Normaler Ungleichförmigkeitsgrad.

Belastungszunahme		6,2 kW.
Größtleistung	$N =$	8,6 kW.
Mittlere Umdrehungszahl in der Minute	$n_m =$	250.
Ungleichförmigkeitsgrad durch Fliehkraft	$\delta_r =$	6,75 vH.
Ungleichförmigkeitsgrad durch Beharrungskraft	$\delta_b =$	0,45 vH.
Anlaufzeit der Maschine	$T =$	14,0 sek.

Abb. 55 und 56 zeigen beispielsweise für den Versuchsregler den Vorgang einer Belastungszunahme bei ungefähr gleicher Belastungsänderung (um 5,7 und 6,2 kW) für Ungleichförmigkeitsgrade von 26,1 und 6,75 vH. Trotz des verschiedenen Verlaufs der Belastungskurven und der verschiedenen Größe der Umdrehungszahlen und der Anlaufzeit ist der charakteristische Verlauf der Regelkurven derselbe. Die bedeutende Überschreitung des Gleichgewichtszustandes durch elektrische Rückwirkung in Abb. 55 bewirkt jedoch eine so erhebliche Vergrößerung der Trägheitskräfte, daß die Reglermassen unter ihrem Einflusse so stark beschleunigt werden, daß die Massenkräfte P_m im Diagramm sichtbar werden, Abb. 55, Figur D und B. Die Erreichung der neuen Gleichgewichtslage dauert unter dem Zusammenwirken

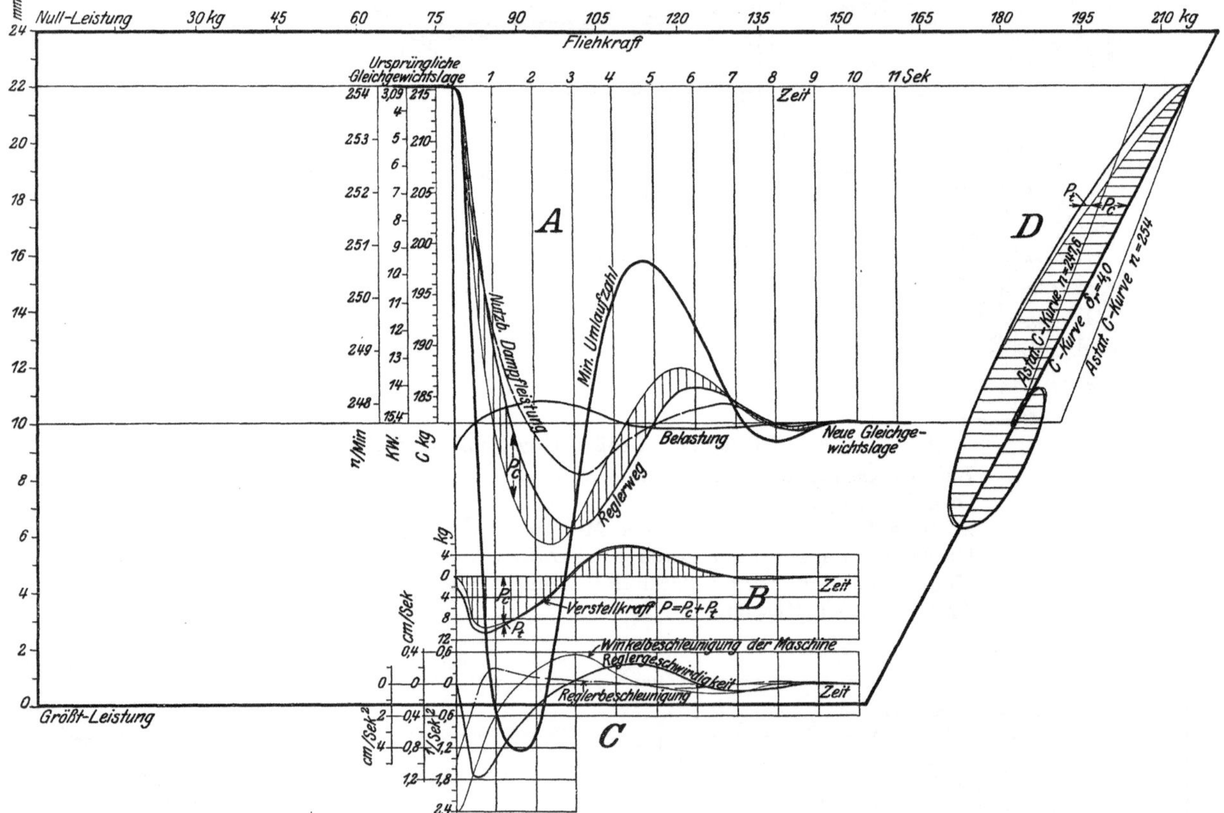

Abb. 57. Versuchsregler. Kleiner Ungleichförmigkeitsgrad.

Belastungszunahme		12,31 kW.
Größtleistung	$N =$	23,4 kW.
Mittlere Umdrehungszahl in der Minute . . .	$n_m =$	250.
Ungleichförmigkeitsgrad durch Fliehkraft . . .	$\delta_r =$	4,0 vH.
Ungleichförmigkeitsgrad durch Beharrungskraft	$\delta_b =$	1,24 vH.
Anlaufzeit der Maschine	$T =$	5,2 sek.

des Verlaufs der Belastungskurve und der sehr großen Verschiedenheit der Umdrehungszahlen in der Anfangs- und Endstellung in Abb. 55 länger wie bei geringerem δ_r, Abb. 56, trotzdem hier die Anlaufzeit infolge der größeren Umlaufzahl wesentlich größer ist. In beiden Versuchen sind die zur Verstellung erforderlichen Kräfte außerordentlich gering.

Bei Verkleinerung von δ_r unter 5 bis 6 vH. treten in dem vorliegenden Falle Schwingungserscheinungen auf. Abb. 57 zeigt den Regelvorgang für $\delta_r = 4{,}0$ vH. bei 250 Umdrehungen und einer Belastungssteigerung um 12,31 kW. Der Regelvorgang umfaßt drei Perioden und dauert 9 Sekunden. Während der ersten Periode unterschreitet die Umlaufzahl die des neuen Beharrungszustandes um 2,5 vH. Die im Vergleich zu Abb. 56 bedeutenden Schwankungen sind jedoch nicht nur in der Verkleinerung von δ_r, sondern zu einem wesentlichen Teil in größerer Innenreibung begründet.

Abb. 58 und 59 kennzeichnen für eine Umlaufzahl von ca. 177 den Einfluß einer weiteren Verkleinerung des Ungleichförmigkeitsgrades auf 0,4 vH. und auf — 2 vH.[1]) Auch für diese Betriebsverhältnisse wurde stabile Regelung erzielt. Die

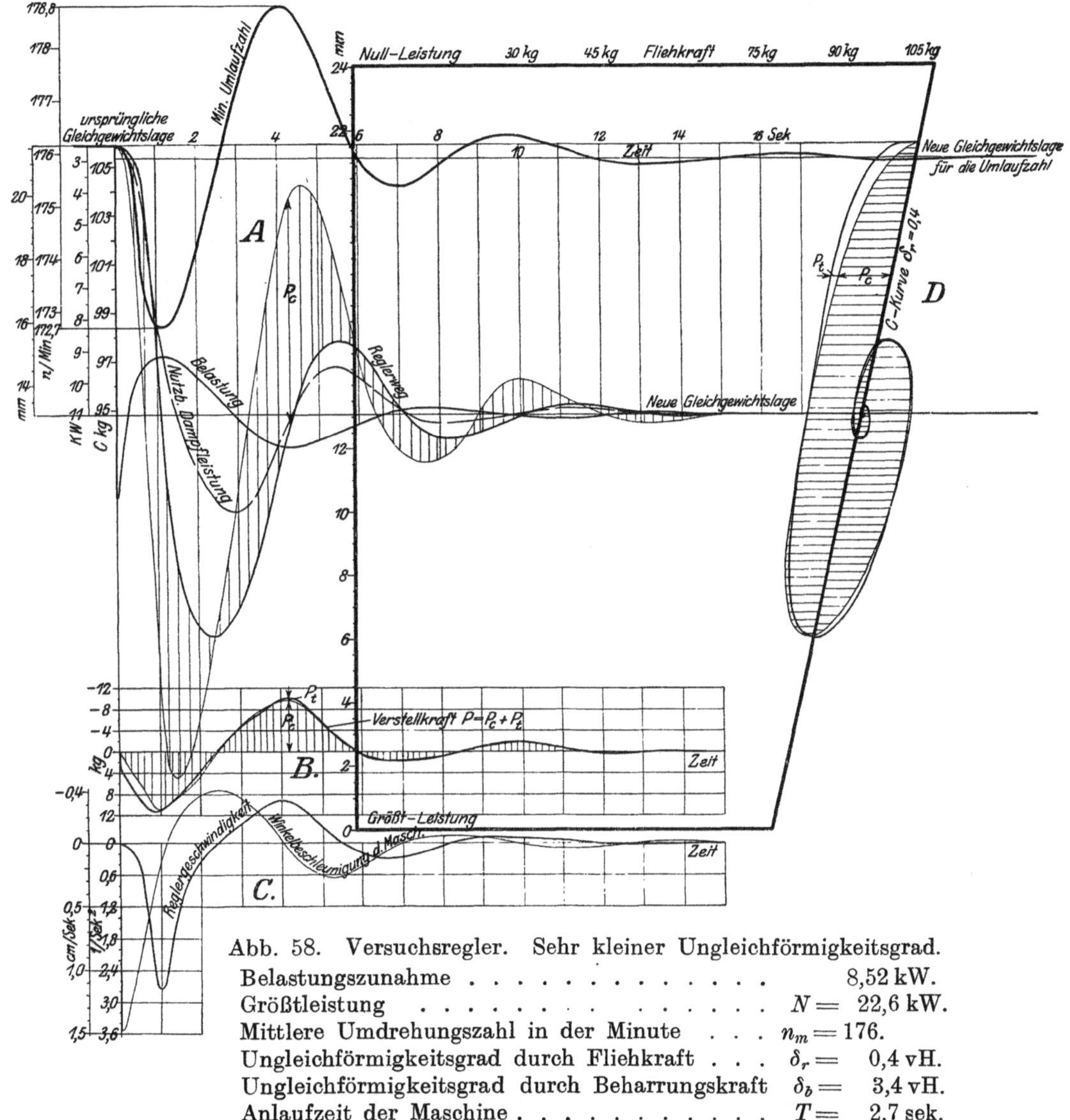

Abb. 58. Versuchsregler. Sehr kleiner Ungleichförmigkeitsgrad.

Belastungszunahme	8,52 kW.
Größtleistung	$N =$ 22,6 kW.
Mittlere Umdrehungszahl in der Minute	$n_m = 176$.
Ungleichförmigkeitsgrad durch Fliehkraft	$\delta_r =$ 0,4 vH.
Ungleichförmigkeitsgrad durch Beharrungskraft	$\delta_b =$ 3,4 vH.
Anlaufzeit der Maschine	$T =$ 2,7 sek.

Ursache hierfür liegt bekanntlich darin, daß die Beharrungswirkung einen Teil der im Ungleichförmigkeitsgrad zum Ausdruck kommenden statischen Verstellkraft ersetzt und damit im Sinne einer Stabilisierung der Regelung wirkt. Der durch die Beharrungswirkung ersetzte Ungleichförmigkeitsgrad δ_b beträgt in Abb. 58 3,4 und in Abb. 59 4,1 vH. Die Belastungserhöhung bewirkt zunächst infolge der Verzöge-

[1]) Die Umlaufzahlkurve ist in Abb. 58 bis 60 getrennt von den Kurven der Belastung und des Reglerwegs aufgezeichnet, da die früher benutzte Darstellung bei der geringen Größe des Ungleichförmigkeitsgrades zeichnerisch zu große Schwingungsausschläge ergeben würde.

rung der Maschine eine Abnahme der Umlaufzahl, und damit eine die Trägheitskraft P_t unterstützende Verstellkraft P_c durch Fliehkraft, Fig. *B* und *D*. Die größte Abnahme der Umdrehungszahl gegenüber dem neuen Beharrungszustande beträgt bei $\delta_r = +0{,}4$ vH., Abb. 58, 1,7 vH., bei $\delta_r = -2$ vH., Abb. 59, 3 vH., ist also verhältnismäßig gering. Der Regelvorgang umfaßt im ersten Falle 5, im zweiten Falle 8 Perioden. Von besonderem Interesse ist, daß die Überschreitung der neuen

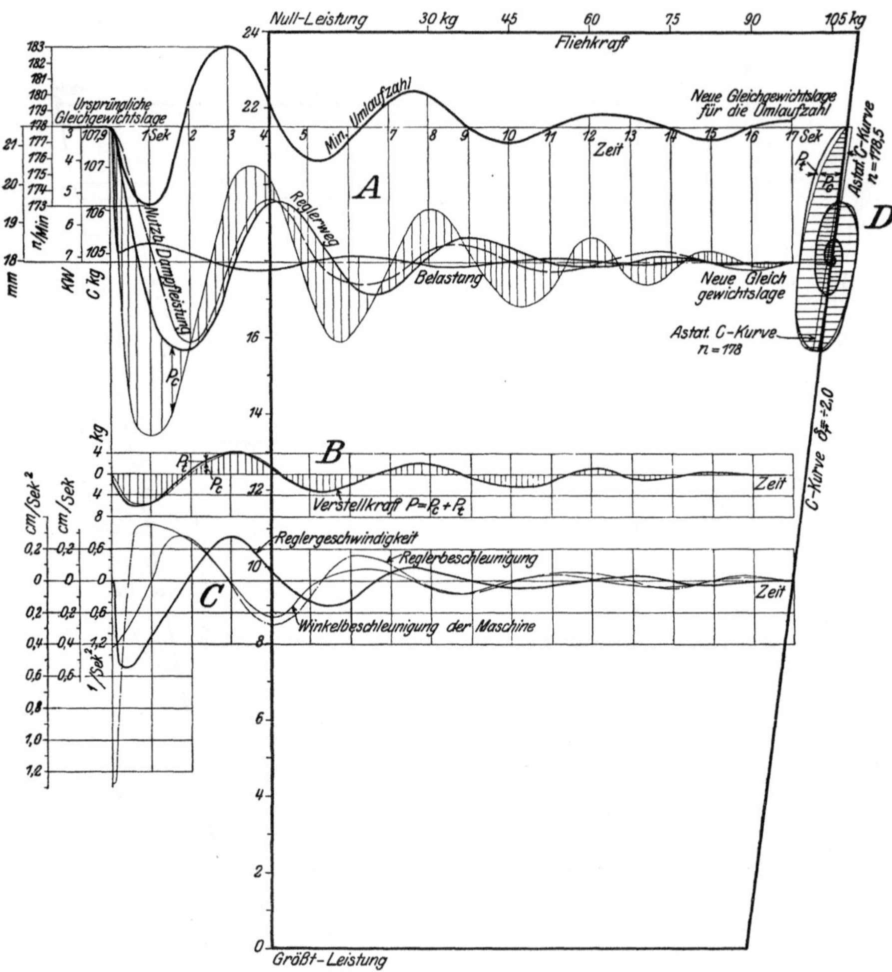

Abb. 59. Versuchsregler. Negativer Ungleichförmigkeitsgrad.

Belastungszunahme	4,2 kW.
Größtleistung	$N =$ 27,0 kW.
Mittlere Umdrehungszahl in der Minute	$n_m = 179$.
Ungleichförmigkeitsgrad durch Fliehkraft	$\delta_r = -2$ vH.
Ungleichförmigkeitsgrad durch Beharrungskraft	$\delta_b = +4{,}1$ vH.
Anlaufzeit der Maschine	$T =$ 2,3 sek.

Gleichgewichtslage Fig. *D* durch den Regler in beiden Fällen nahezu so groß ist wie das Gebiet der Belastungsänderung, und daß trotzdem eine vollkommen stabile Regelung erzielt wird, indem die Amplituden der Reglerschwingungen außerordentlich schnell abnehmen. Die Erklärung hierfür findet sich in Abschnitt 7, S. 67. Beide Versuche haben eine sehr niedrige Anlaufzeit der Maschine ($T = 2{,}7$ und 2,3 sek).

Bei einer Vergrößerung der Schwungmasse der Maschine durch Antrieb eines besonderen Schwungrades ergibt sich bei gleicher Umlaufzahl und Belastungsänderung wie in Abb. 59 mit einem Ungleichförmigkeitsgrad von $-1{,}19$ v. H. ein wenig abweichender Verlauf des Regelvorganges, Abb. 60. Infolge der größeren Anlaufzeit, also langsameren Geschwindigkeitsänderung der Maschine ist die Zeitdauer einer Regelperiode und ebenso die Gesamtdauer größer, während die Anzahl der Regelperioden, sowie die erforderlichen Verstellkräfte (trotz geringerer Trägheitskräfte) wegen der kleineren Reglergeschwindigkeit kleiner sind.

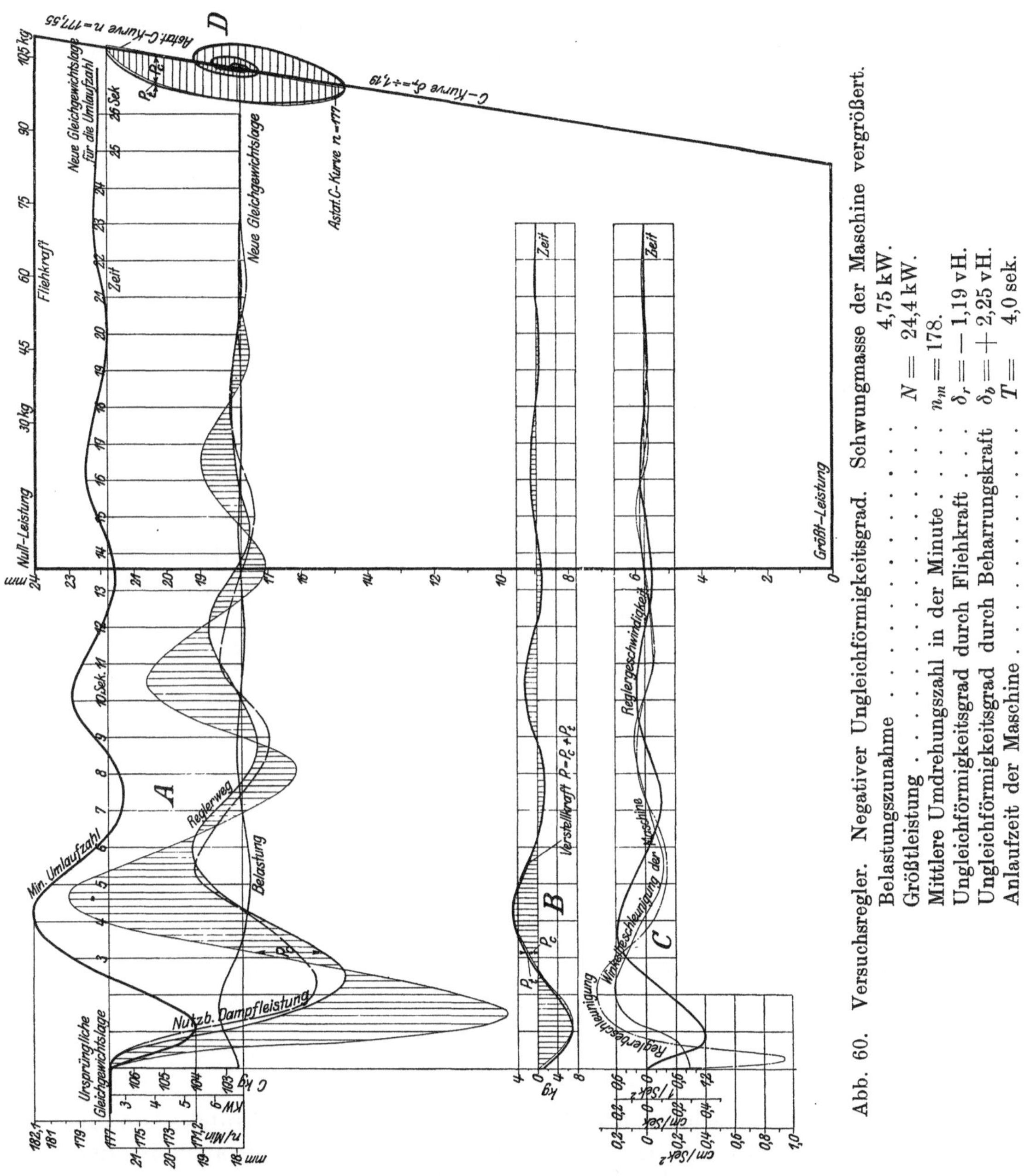

Abb. 60. Versuchsregler. Negativer Ungleichförmigkeitsgrad. Schwungmasse der Maschine vergrößert.

Belastungszunahme	4,75 kW.
Größtleistung	$N =$ 24,4 kW.
Mittlere Umdrehungszahl in der Minute	$n_m =$ 178.
Ungleichförmigkeitsgrad durch Fliehkraft . . .	$\delta_r = -$ 1,19 vH.
Ungleichförmigkeitsgrad durch Beharrungskraft .	$\delta_b = +$ 2,25 vH.
Anlaufzeit der Maschine	$T =$ 4,0 sek.

Bei dem Jahnsregler, Abb. 7, konnte eine gleich weitgehende Verkleinerung des Ungleichförmigkeitsgrades nicht erzielt werden, da hier infolge der wesentlich größeren Anlaufzeit (Maschinenmasse) die Beharrungswirkung nur geringen Einfluß auf die Stabilisierung ausübt. Abb. 61 zeigt den Vorgang einer Entlastung um 37,3 kW bei $n = 119$ Umdrehungen für einen Ungleichförmigkeitsgrad von 4,3 vH. und entspricht in den Versuchsdaten völlig dem in Abb. 51 wiedergegebenen Versuch mit $\delta_r = 13,2$ vH. Die in der Darstellung der Abb. 51 und 61 gewählte Gleichheit des Maßstabes der Kurven der Umlaufzahl läßt erkennen, daß bei geringerem δ_r, Abb. 61, die Umdrehungszahl zwar prozentual sehr stark über die des neuen Gleichgewichtszustandes ansteigt, daß aber ihre absolute Größe geringer bleibt wie in Abb. 51 in Übereinstimmung mit der theoretischen Behandlung, Abschnitt 7. Die sehr starke prozentweise Überschreitung der Umdrehungszahl in Abb. 61 verlängert jedoch die Zeitdauer, bis der Regler zur Ruhe kommt, so daß der gesamte Regelvorgang bei $\delta_r = 4{,}3$ vH. 8 Perioden gegenüber 3 Perioden bei $\delta_r = 13{,}2$ vH. umfaßt. Die größte dynamische Verstellkraft der ersten Periode beträgt in Versuch Abb. 61 46 kg gegenüber 29 kg in Versuch Abb. 51.

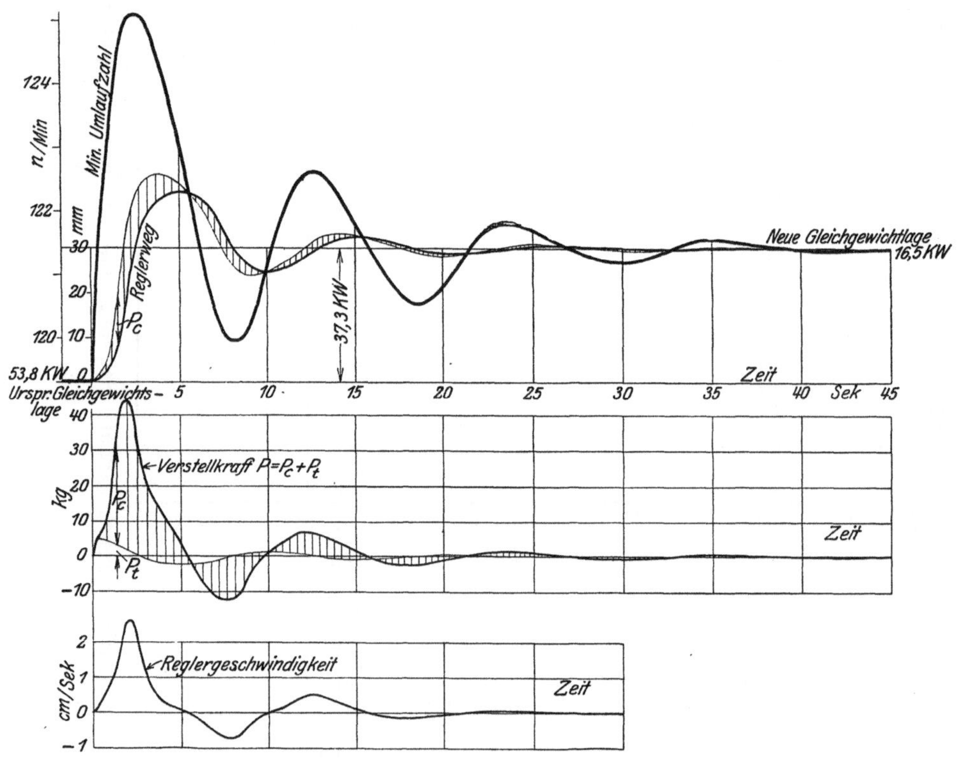

Abb. 61. Jahnsregler. Kleiner Ungleichförmigkeitsgrad.

Entlastung um		37,3 kW.
Größtleistung	$N =$	75 kW.
Mittlere Umdrehungszahl in der Minute . . .	$n_m =$	119.
Ungleichförmigkeitsgrad durch Fliehkraft . . .	$\delta_r =$	4,3 vH.
Ungleichförmigkeitsgrad durch Beharrungskraft	$\delta_b =$	0,25 vH.
Anlaufzeit der Maschine	$T =$	20 sek.
$\frac{\text{Verstellkraft}}{\text{Reglergeschwindigkeit}}$	$K =$	$17 \frac{\text{kg}}{\text{cm/sek}}$.

Der typische Unterschied des Einflusses des Ungleichförmigkeitsgrades auf den Regelvorgang kommt in besonders charakteristischer Weise auch in den Versuchen an dem Lokomobilregler, Abb. 44 und 46, sowie Abb. 45 und 47 zum Ausdruck.

Aus dem Versuchsmaterial an dem Hartungregler, Abb. 3, seien die Versuche Abb. 62 und 63 mitgeteilt, welche die an den übrigen Reglern gewonnenen Ergebnisse bestätigen. Insbesondere kommt der charakteristische Einfluß des Ungleichförmigkeitsgrades auf den Regelverlauf deutlich zum Ausdruck. Auch bei diesem Regler besteht eine annähernde Proportionalität zwischen Verstellkraft und Reglergeschwindigkeit. Das Verhältnis der Verstellkraft zur Reglergeschwindigkeit ist in

Abb. 62 und 63 annähernd gleich, $K = 12$ bzw. 13 kg/cm/sek. Die Beharrungswirkung der Reglerpendel ruft eine negative Trägheitskraft P_t hervor, die aber infolge der großen Anlaufzeit der Maschine so klein ist, daß sie ohne merkbaren Einfluß auf die Reglerbewegung bleibt.

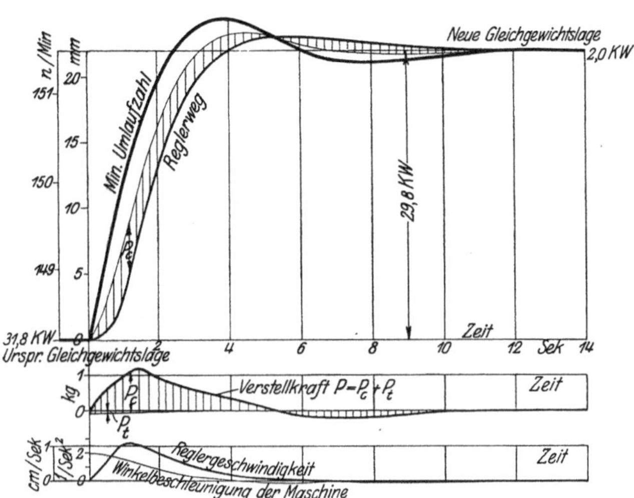

Abb. 62. Hartungregler.

Entlastung um		29,8 kW.
Größtleistung	$N =$	70,0 kW.
Mittlere Umdrehungszahl in der Minute	$n_m =$	147.
Mittlere Fliehkraft	$C_m =$	656 kg.
Ungleichförmigkeitsgrad durch Fliehkraft	$\delta_r =$	7,3 vH.
Ungleichförmigkeitsgrad durch Beharrungskraft	$\delta_b =$	— 0,08 vH.
Anlaufzeit der Maschine	$T =$	35 sek.
$\frac{\text{Verstellkraft}}{\text{Reglergeschwindigkeit}}$	$K =$	$12 \frac{\text{kg}}{\text{cm/sek}}$.

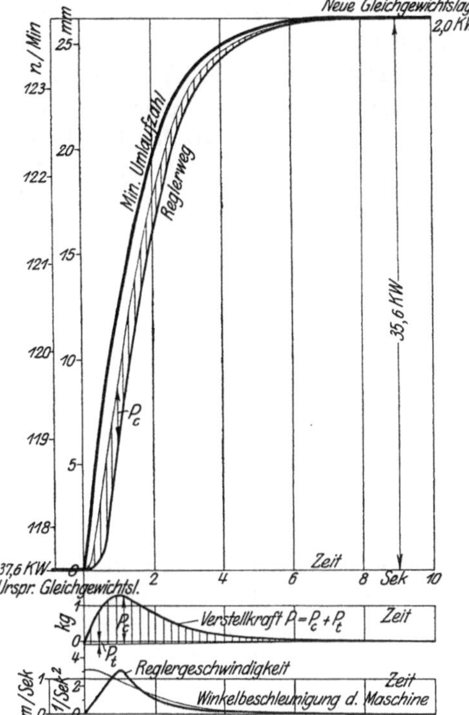

Abb. 63. Hartungregler.

Entlastung um		35,6 kW.
Größtleistung	$N =$	60,0 kW.
Mittlere Umdrehungszahl in der Minute	$n_m =$	114.
Mittlere Fliehkraft	$C_m =$	510 kg.
Ungleichförmigkeitsgrad durch Fliehkraft	$\delta_r =$	15,6 vH.
Ungleichförmigkeitsgrad durch Beharrungskraft	$\delta_b =$	—0,08 vH.
Anlaufzeit der Maschine	$T =$	24 sek.
$\frac{\text{Verstellkraft}}{\text{Reglergeschwindigkeit}}$	$K =$	$13 \frac{\text{kg}}{\text{cm/sek}}$.

e) Einfluß der Trägheitswirkung der Reglermassen auf den Regelvorgang.

Aus den Versuchen geht hervor, daß die Trägheitswirkung die Regelung günstig beeinflußt, da sie gestattet, den Ungleichförmigkeitsgrad der Fliehkraft zu verkleinern. Es ist deshalb ihre Anwendung stets dann von Vorteil, wenn eine Ausnutzung der Trägheitswirkung möglich ist, ohne daß durch sie zusätzliche Reibungswiderstände im Regler hervorgerufen werden. Insofern ist prinzipiell die Anwendung besonderer Trägheitsmassen, wie Trägheitsringe oder Trägheitsscheiben, weniger günstig wie die Ausnutzung der Beharrungswirkung derjenigen Massen, die zugleich Fliehkräfte erzeugen.

Die verstellkrafterzeugende Wirkung der Trägheitsmassen ist abhängig von der Winkelbeschleunigung der Maschine, die ihrerseits durch die Maschinenmasse bzw. Anlaufzeit der Maschine bedingt ist. Bei Maschinen mit großer eigener Trägheitswirkung J ist eine nennenswerte Ausnutzung der Beharrungswirkung im Regler nicht zu erwarten, da diese nur im Verhältnis $\frac{J_r}{J}$ der Trägheitswirkung des Reglers zu der der Maschine zur Wirkung kommt und da ihre Vergrößerung baulich stark begrenzt ist.

Das wichtigste Anwendungsgebiet des Trägheitsreglers liegt deshalb bei Maschinen mit kleiner Anlaufzeit vor, bei denen leicht so große Trägheitskräfte erzeugt werden können, daß der Ungleichförmigkeitsgrad durch die Fliehkraft δ_r bis auf Null und sogar unter Null vermindert werden kann. Eine derartige Betriebsweise ist ohne Trägheitswirkung überhaupt nicht erreichbar. (Siehe auch S. 87.)

6. Bestimmung des Arbeitsvermögens des Reglers.

a) Dämpfung der Rückdruckpendelungen des Reglers durch dessen Masse, durch Reibung oder durch Ölbremse.

Während bei dem rückdruckfreien Regler die absoluten Abmessungen und Gewichte aus der Annahme eines bestimmten Unempfindlichkeitsgrades für die angenommenen Steuerungs- und Reglerwiderstände ermittelt werden, besteht für den schwingenden Regler kein Gebiet der Unempfindlichkeit, und seine Größe bestimmt sich daraus, daß die Reglermassen zusammen mit der Eigenreibung des Reglers imstande sind, die rückwirkenden Kräfte derart aufzunehmen, daß nicht zu große Pendelungen der Regler- und Steuerungsteile entstehen.

Eine Dämpfung der Reglerschwingungen kann erfolgen durch die Masse des Reglers, durch Reibung sowie durch Ölbremse. Von diesen ist nur die Reibung imstande, die Wirkung der pendelnden Kräfte so zu dämpfen, daß der Regler bei einer bestimmten Belastung überhaupt nicht schwingt. Die hierzu erforderliche Innenreibung entspricht der halben Ordinate q der Kurve der Rückdruckkräfte, Abb. 33, S. 34, und ist bei der in der Regel bedeutenden Größe dieser Kräfte sehr groß. Eine so große Reibung bedingt, wie die Versuche Abb. 49 und 50 zeigen, sehr große Verstellkräfte mit entsprechend großen Schwankungen der Umdrehungszahl und der Reglerbewegung, und verschlechtert hierdurch wesentlich den Regelvorgang. Es besteht daher bei Exzenterreglern, bei denen die pendelnden Kräfte und die erfahrungsgemäß großen Gewichte an sich ganz große Zapfendrucke hervorrufen, die auch bei guter Schmierung einen gewissen Reibungswiderstand erzeugen, im allgemeinen kein Interesse, die Reibung zu erhöhen, indem jede Vergrößerung der Reibung auch eine Erhöhung der Verstellwiderstände und damit eine Verschlechterung des Regelvorganges herbeiführt. Es wird im allgemeinen derjenige Regler die günstigsten Regelbedingungen ermöglichen, der geringe Eigenreibung besitzt, bei dem also insbesondere Feder- und Fliehkräfte keine zusätzlichen Zapfenbelastungen hervorrufen. Die durch Eigengewicht und Rückdruck erzeugte Reibung (beim Versuchsregler ca. 10 kg) dämpft, wie Abb. 24 zeigt, die Reglerpendelungen nur unwesentlich, während sie anderseits ausreicht, um den zur Erzielung stabiler Regelung erforderlichen Widerstand zu erzeugen.

Die bremsende Wirkung einer Ölbremse ist der Verstellgeschwindigkeit proportional. Da das Eingreifen der Bremse somit eine gewisse Geschwindigkeit der Reglerbewegung voraussetzt, kann die Ölbremse die Reglerpendelungen nicht völlig beseitigen. Der Regler wird also pendeln, und eine dämpfende Wirkung der Ölbremse wird nur bei größeren Reglergeschwindigkeiten in Erscheinung treten.

Das wirksamste Mittel zur Beschränkung der Reglerpendelungen ohne Verschlechterung des Regelvorganges bietet die Massendämpfung, d. h. die Ausführung des Reglers mit einer so großen Masse, daß auch ohne Anwendung von Reibungswiderständen oder Ölbremse, die Pendelungen auf das erwünschte Maß beschränkt werden. Es geben somit, ganz abgesehen von den für die Verstellung des Reglers notwendigen Kräften, die größten Pendelungen, die als zulässig erscheinen, eine Grundlage für die Bestimmung der erforderlichen Mindestgröße des Reglers. Inwieweit eine Vergrößerung der Reglermassen über diesen Wert hinaus aus Rücksicht auf die zur Verstellung erforderlichen Kräfte erwünscht ist oder einen Vorteil bietet, bedarf näherer Untersuchung.

Aus den früheren Betrachtungen über die Wirkung der Rückdruckkräfte auf Eigenreibung und Pendelung des Reglers (S. 27) geht hervor, daß der pendelnde Regler keinen Unempfindlichkeitsgrad im eigentlichen Sinne des Wortes besitzt, indem eine beliebig kleine Verstellkraft den Regler sofort in Bewegung setzt und in seine endliche Stellung überführt, wenn genügende Zeit zur Verfügung steht. Es hat somit auch der bei Regleruntersuchungen häufig benutzte Begriff des kleinsten Ungleichförmigkeitsgrades für diese Reglergruppe keine Bedeutung. Die Annahmen, die seiner Berechnung zugrunde liegen, fehlen bei dem pendelnden Exzenterregler. Der kleinste Ungleichförmigkeitsgrad wird bekanntlich berechnet unter der Voraussetzung, daß die vom Regler während der Beschleunigung aufgenommene Bewegungsenergie (entsprechend der Beschleunigungsfläche ABC in Abb. 64) von einer entsprechenden Verzögerungsfläche CDE aufgezehrt werden muß. Die Kraftkurve verläuft dabei so, daß der Endpunkt der wirklichen Fliehkraftkurve nicht außerhalb des Gebietes der Unempfindlichkeit fällt. Letzteres ergibt sich daraus, daß auf beiden Seiten der Fliehkraftkurve CC des Beharrungszustandes der Widerstand ΔC angetragen wird. Bei dem Exzenterregler ist $\varepsilon = 0$, $\Delta C = 0$. Es findet sich außerhalb der Kurve CC kein Gebiet, in dem der Regler in Ruhe bleiben kann. Um stillzustehen, muß er sich auf der Kurve CC befinden. Es ist also bedeutungslos, diese Begriffe auf den pendelnden Exzenterregler anzuwenden.

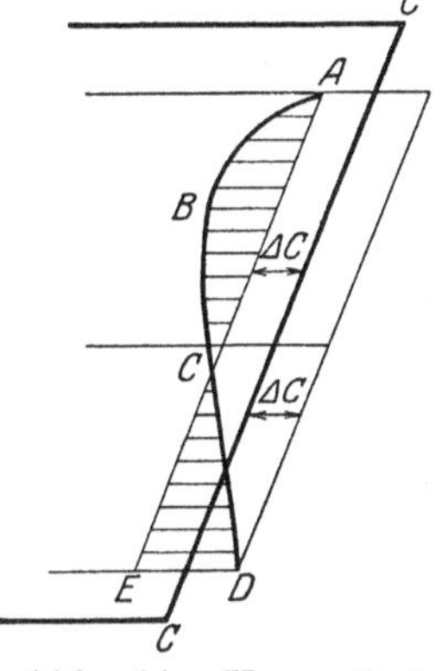

Abb. 64. Unempfindlichkeitsgebiet bei rückdruckfreiem Regler.

Es wird in der Literatur[1]) darauf hingewiesen, daß die während der Relativbewegung auftretende Coriolis-Beschleunigung Tangentialkräfte hervorruft, die proportional mit der Relativgeschwindigkeit zunehmen, mit der sich die Gewichte senkrecht zur Umdrehungsachse bewegen, und daß diese Kräfte Widerstände hervorrufen, die der Verstellgeschwindigkeit proportional sind. Die auftretenden Relativgeschwindigkeiten sind klein und die von ihnen hervorgerufenen Kräfte und Widerstände rein verschwindend. Wenn daher unter Hinweis auf diese Kräfte ausgesprochen wurde, daß sich bei jedem Regler Widerstände finden, die proportional mit der Verstellgeschwindigkeit zunehmen, so war man auch berechtigt, auszusprechen, daß diese Widerstände so gering sind, daß sie vernachlässigt werden können.

Für die beim Exzenterregler festgestellte Zusammenarbeit der Eigenreibung des Reglers mit den pendelnden Rückdruckkräften der Steuerung liegen jedoch die Verhältnisse ganz anders. Es ist für die vier untersuchten Regler experimentell nachgewiesen, daß die gesamte Verstellkraft von den Widerständen im Regler aufgezehrt wird, so daß der Regler an Bewegungsenergie nahezu nichts aufsammelt. Der Regler bewegt sich in einer Richtung, solange Kräfte wirken, die ihn in diese Richtung treiben, gleichgültig wie klein diese Kräfte sind. Sowie die Kräfte verschwinden oder ihre Richtung wechseln, steht der Regler still oder bewegt sich in der umgekehrten Richtung. Die Entwicklung auf S. 27 gibt die theoretische Begründung dieser Tatsache aus dem Zusammenwirken der Eigenreibung des Reglers

[1]) Z. B. Tolle: Die Regelung der Kraftmaschinen, 2. Aufl., S. 363, Berlin 1909.

mit dem Steuerungsrückdrucke. Der durch dieses Zusammenwirken entstehende Widerstand kann mit guter Annäherung mit der Wirkung einer Ölbremse verglichen werden, siehe Abb 26 und 29, selbst wenn der Bremswiderstand nicht immer eine geradlinige Funktion der Verstellgeschwindigkeit ist, und wenn die Funktion in beiden Verstellrichtungen verschieden sein kann. Dieser Widerstand ist von der allergrößten Bedeutung für Unempfindlichkeitsgrad, Verstellgeschwindigkeit, Überregelung, Pendelung der Umdrehungszahl, günstigsten Ungleichförmigkeitsgrad, kurz für den gesamten Regelverlauf. Das Zusammenwirken von Reibung und Steuerungsrückdruck bewirkt:

1. daß der Unempfindlichkeitsgrad Null wird,
2. vermindert in wesentlichem Grade die Wahrscheinlichkeit einer Überregelung durch seine dämpfende Wirkung und
3. ermöglicht aus dem gleichen Grunde die Anwendung eines kleineren Ungleichförmigkeitsgrades.

b) Einfluß einer Vergrößerung oder Verkleinerung der Reglermasse auf den Regelvorgang bei unveränderter Größe des Reglerwegs.

Abb. 65 kennzeichnet in den ausgezogenen Linien der Figur A die Größe der Reglergeschwindigkeit abhängig von der Verstellkraft, in Figur B die zur Er-

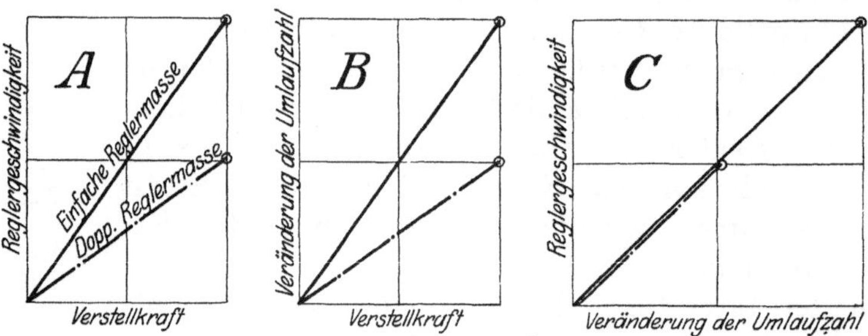

Abb. 65. Abhängigkeit der Verstellgeschwindigkeit von der Masse des Reglers bei Proportionalität zwischen Verstellkraft und Verstellgeschwindigkeit.

zeugung einer bestimmten Verstellkraft notwendige Änderung der Umdrehungszahl, in Figur C die zu einer gewissen Reglergeschwindigkeit erforderliche Änderung der Umdrehungszahl, unter Annahme von Proportionalität zwischen Verstellkraft und Reglergeschwindigkeit ($K =$ konstant) für einen bestimmten Regler „einfacher“ Masse.

Mit Verdoppelung der Reglermasse vermindert sich die durch den Steuerungsrückdruck bedingte Reglerpendelung auf die Hälfte, indem die gleichbleibende Rückdruckkraft nur die halbe Beschleunigung der Reglermasse hervorruft, so daß auch die Reglergeschwindigkeit, Abb. 64, A (strichpunktierte Linie) bei einem bestimmten Kraftüberschuß nur den halben Wert erreicht, wobei vorausgesetzt ist, daß die Innenreibung des Reglers unverändert bleibt[1]). Bei Verdoppelung der Reglermasse vermindert sich auch die zur Erzeugung einer bestimmten Verstellkraft erforderliche Winkelbeschleunigung und Veränderung der Umdrehungszahl auf die Hälfte, Figur B, indem die Fliehkraft proportional der doppelten Masse und

[1]) Bei der Zunahme der Reibung mit Vergrößerung der Reglermasse, die wegen der Vergrößerung der Zapfendrucke und Zapfendurchmesser wahrscheinlich ist, sinkt die Reglergeschwindigkeit unter die Hälfte der ursprünglichen Geschwindigkeit.

die Trägheitskraft proportional dem Trägheitsmoment der Gewichte ist, welch letzteres sich bei unveränderter Größe des ebenen Trägheitsmoments ebenfalls verdoppelt. Bei einer bestimmten Erhöhung der Umdrehungszahl ist also bei dem doppelt so großen Regler der doppelte Kraftüberschuß verfügbar. Bei derselben Veränderung der Umdrehungszahl, Figur *C*, werden somit bei beiden Reglern die gleichen Verstellgeschwindigkeiten erzielt.

Dieser Zusammenhang, der zunächst unter Annahme geradliniger Abhängigkeit der Verstellgeschwindigkeit von der Verstellkraft ($K =$ konstant) und unter Voraussetzung unveränderter Reibung entwickelt ist, bleibt auch annähernd bestehen, wenn die Verstellgeschwindigkeit keine geradlinige Funktion ist, wie dies bei stark unregelmäßigem Verlauf der Rückdruckkräfte häufig der Fall ist. Abb. 66 kennzeichnet z. B. den Zusammenhang für die Ventilsteuerung, deren Rückdruckkraftkurve in Abb. 32 *A* dargestellt ist. Die Kurven Abb. 66 *A* kennzeichnen die Regler-

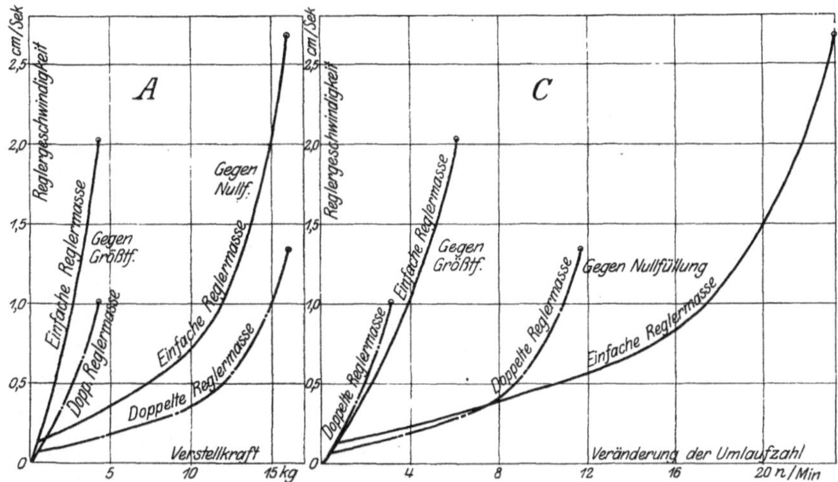

Abb. 66. Abhängigkeit der Verstellgeschwindigkeit von der Masse des Reglers bei Ventilsteuerung (vgl. Abb. 29 und 32).

geschwindigkeit abhängig von der Verstellkraft für den Regler einfacher und doppelter Masse bei Verstellung gegen Größtfüllung und gegen Nullfüllung unter Voraussetzung gleichbleibender Innenreibung.

Abb. C kennzeichnet den Zusammenhang zwischen der zur Erzeugung der Verstellkräfte erforderlichen Änderung der Umlaufzahl und der Verstellgeschwindigkeit. Bei gleicher Veränderung der Umdrehungszahl ist die Verstellgeschwindigkeit für den doppelten Regler im Mittel ebenso groß wie für den einfachen Regler. Wenn hierzu kommt, daß die Kurven des doppelten Reglers infolge der größeren Reibung in Wirklichkeit ungünstiger liegen, so ist ersichtlich, daß der Regelverlauf verschleppt wird, und daß also in dieser Hinsicht der größere und teurere Regler keinen Vorteil bietet. Hierzu kommt weiterhin, daß die durch das Zusammenwirken der Eigenreibung des Reglers und der rückwirkenden Kräfte entstehende Bremswirkung bei einer bestimmten Verstellkraft (im Mittel beider Verstellrichtungen $P = R$) aufhört, die von der Umdrehungszahlschwankung, die sie hervorbringt, unabhängig ist. (Grenzfall 3 und 4, S. 35.) Nun war bei beiden Reglern die Verstellgeschwindigkeit bei gleicher Umlaufzahlschwankung dieselbe, Abb. *C*; bei dem doppelten Regler ist aber bei dieser Schwankung die Verstellkraft doppelt so groß, Abb. *B*. Die Bremswirkung wird also im Grenzfalle im doppelten Regler bei der Hälfte der Umdrehungszahlschwankung und der Hälfte der Verstellgeschwindigkeit überschritten. Bei Vergrößerung der Reglermasse ist somit die Wahrscheinlichkeit größer, daß die

Verstellkraft die Bremswirkung überschreitet und daß hierdurch eine Überregelung eintritt, indem zur Vernichtung der vom Regler aufgenommenen Bewegungsenergie Verzögerungsflächen auftreten müssen. Es ist daher sicher, daß bei gleicher Größe des Verstellwegs durch Vergrößerung der Reglermasse über die Masse, die zur Dämpfung der Reglerpendelungen erforderlich ist, keine Verbesserung der Regelung eintritt. Welche Dämpfung im gegebenen Falle am zweckmäßigsten erscheint, ist zu beurteilen aus der Abnützung, die man zulassen will, sowie aus der Rücksicht auf die Form des Dampfdiagramms, die durch zu große Pendelungen beeinträchtigt werden kann[1]).

Wird die Reglermasse kleiner ausgeführt, als zur Beschränkung der Reglerpendelungen erforderlich ist, so wird eine weitere Dämpfung durch Reibungs- oder Ölbremse notwendig. Es werden daher nicht selten bei knapp bemessenen Reglern, hauptsächlich wenn die Rückdrucke nicht von vornherein genau bekannt sind, derartige Bremsen vorgesehen, die bei der Inbetriebsetzung passend eingestellt werden. Die Anwendung solcher Bremsen hat jedoch stets eine Herabsetzung der Raschheit der Regelung zur Folge. Sei z. B. der Regler so klein ausgeführt, daß die durch die Steuerungsrückdrucke hervorgerufenen Pendelungen doppelt so groß sind wie zulässig und sei versucht, diese Pendelungen durch Reibungsbremsung herabzusetzen, so ist für das Beispiel des Versuchsreglers der stehenden Einzylindermaschine nach der Untersuchung Abb. 25 eine Erhöhung der Reibung von 10 auf 23 kg erforderlich. Wie ändert sich dabei die Verstellgeschwindigkeit? Aus den vorhergehenden Betrachtungen, Abb. 65, geht hervor, daß bei gleichbleibender Reibung im Regler halber Masse bei gleicher Verstellkraft wie im einfachen Regler die Verstellgeschwindigkeit doppelt so groß wird, während bei halber Kraft die Schwankung der Umdrehungszahl die gleiche ist. Die Verstellgeschwindigkeit ist also bei gleicher Schwankung der Umdrehungszahl dieselbe. Wird nun die Reibung erhöht, in dem Beispiele von 10 auf 23 kg, sinkt nach Abb. 31 (bei 5 kg Verstellkraft) die Verstellgeschwindigkeit von 38,5 mm/sek. für 10 kg Reibung, auf 6,5 mm/sek für 23 kg Reibung. Der Regler halber Masse wird also unter dieser Annahme $38{,}5/6{,}5 = 6$ mal langsamer regeln, wie der richtig bemessene Regler voller Masse, oder wird die 6fache Erhöhung der Umdrehungszahl benötigen. Die Reibungsdämpfung verschlechtert also in sehr wesentlichem Grade die Regelung.

Was die Anwendung der Ölbremse angeht, so ist bei dieser die bremsende Wirkung der Verstellgeschwindigkeit proportional. Die Bremse muß daher notwendigerweise ziemlich groß ausgeführt werden, um bei den meist verhältnismäßig kleinen Geschwindigkeiten innerhalb der Rückdruckpendelungen eine genügend große dämpfende Wirkung zu erzielen. Durch eine derartige Dämpfung wird aber zugleich die Regelung in wesentlichem Grade verzögert. Wird nämlich versucht, einen zu kleinen Regler durch Ölbremse brauchbar zu machen, so muß der Regelvorgang infolge der erforderlichen größeren Verstellkräfte größere Schwankungen der Umdrehungszahl aufweisen wie der Regelvorgang des richtig bemessenen durch Masse gedämpften Reglers, und die Regelung wird verschlechtert.

Ausgehend von dem Regler, der so bemessen ist, daß er durch Massendämpfung die von den Steuerungsrückdrucken hervorgerufenen Pendelungen in den erwünschten Grenzen hält, ist im vorhergehenden gezeigt, daß ein großer Regler langsamer regelt und keine wesentlichen Vorteile bietet, während der kleinere Regler, sowohl

[1]) Bei Zulassung größerer Pendelungen kann ein annähernder Ausgleich der Füllungen beider Zylinderseiten nur erzielt werden, wenn die durch die Pendelungen eintretenden Verschiebungen der Steuerorgane berücksichtigt werden. Bei ausgeführten Maschinen wird die Steuerungseinstellung, bei Schiebersteuerungen insbesondere die Festlegung der Überdeckungsgrößen, erleichtert durch die experimentelle Aufnahme von Schieberellipsen, welche die wirkliche Verlegung der Steuerung abhängig von der Kolbenbewegung darstellen.

bei Ersatz der unzureichenden Massendämpfung durch Ölbremse wie durch erhöhte Reibung in beiden Fällen wesentlich größere Schwankungen der Umdrehungszahl aufweist. Hieraus geht hervor, daß die günstigste Bemessung des Reglers sich dann ergibt, wenn die Rückdruckpendelungen lediglich durch die Masse des Reglers gedämpft werden.

c) Einfluß der Größe des Reglerwegs auf die Reglermasse.

Die Masse, die der Regler besitzen muß, um die von den rückwirkenden Kräften der Steuerung hervorgerufenen Pendelungen zu beschränken, ist nicht nur von der Größe dieser Kräfte abhängig, sondern auch von dem Übersetzungsverhältnis zwischen Steuerung und Regler. Bei einer bestimmten Länge b der Verstellkurve des Exzenters zwischen größter und kleinster Füllung ist somit die dämpfende Wirkung der Reglermasse auch von dem in Richtung der Fliehkräfte, also radiell gemessenen Ausschlage a abhängig, den der Pendelschwerpunkt ausführt, um die Steuerung im gesamten Füllungsbereich zu verlegen.

Bei einer rückwirkenden Kraft P_r' der Steuerung, bezogen auf die Verstellkurve, und dem ihr entsprechenden Werte P_r, bezogen auf die Schwerpunktsbewegung des Reglerpendels, ist nach dem Prinzip der virtuellen Verschiebungen $P_r' db = P_r da$ für eine bestimmte Steuerung konstant. Mit zunehmendem Reglerauschlag a nimmt P_r ab. Nun ist die auf a bezogene Reglermasse m, die erforderlich ist, um die Pendelungen in einer bestimmten Grenze zu halten, proportional P_r und die von der Masse hervorgerufene Fliehkraft C_m proportional m. C_m ist somit auch direkt proportional mit P_r, und das Produkt $C_m \cdot a$, das „Arbeitsvermögen" des Reglers, kann für eine bestimmte Steuerung und Massendämpfung als konstant angenommen werden.

Es ist also ein bestimmtes Arbeitsvermögen $C_m \cdot a$ erforderlich, um die Rückdruckpendelungen durch Massendämpfung in der gewünschten Grenze zu halten, und dieses Arbeitsvermögen ergibt die günstigste Regelung.

In welcher Weise das Arbeitsvermögen auf die beiden Faktoren C_m und a zu verteilen ist, wird in Abschnitt 7e, S. 84 gezeigt.

d) Einfluß der Größe des Reglerwegs auf das Verhältnis K zwischen Verstellkraft und Reglergeschwindigkeit bei gleichem Arbeitsvermögen.

Es soll anschließend untersucht werden, wie sich das Verhältnis K = Verstellkraft/Reglergeschwindigkeit ändert, wenn bei konstantem Produkte $C_m \cdot a$ der Reglerausschlag verändert wird. Wird a verkleinert, so nimmt — bezogen auf a — die Rückdruckkraft P_r zu und gleichzeitig wächst C_m, so daß die Rückdruckpendelung die gleiche bleibt, wenn von der Innenreibung abgesehen wird, die nach den Ausführungen S. 26 bei geringer Größe der Reibung die Reglerpendelung nur in sehr geringem Maße dämpft.

Stellt in Abb. 67 die ausgezogene Kurve, bezogen auf die Nullinie 0 0 und mit den Reibungslinien im Abstande R von der Nullinie, die Pendelung der Rückdruckkräfte dar, die bei dem Reglerausschlag a und der Reibung R vorhanden ist, so kennzeichnet diese Kurve zugleich in einem bestimmten Maßstabe die Beschleunigung der Reglermasse für diesen Fall.

Wird der Reglerausschlag bei gleicher Verstellkurve und unveränderter Steuerung auf die Hälfte $a/2$ vermindert, so verdoppeln sich die Kraftimpulse, und die Rückdruckkräfte erreichen die gestrichelte Kurve, bezogen auf die Nullinie 0 0, während die Reibungslinien unverändert im Abstande R von der Nullinie verbleiben, da angenommen wurde, daß die Veränderung keinen Einfluß auf die Größe der Reibung R ausübt. Nun bedingt aber bei gleichbleibendem Arbeitsvermögen $C_m \cdot a$ die Verminderung von a auf die Hälfte eine Verdoppelung der Reglermasse m, und infolgedessen entspricht die doppelte Rückdruckkraft der gleichen Massenbeschleunigung, und die Ordinatenwerte des neuen Kraftdiagrammes müssen auf die Hälfte vermindert werden, um die Beschleunigung im selben Maßstabe zu geben, wie das ursprüngliche Diagramm für den Ausschlag a. Das neue Beschleunigungsdiagramm unterscheidet sich dann von dem ursprünglichen nur darin, daß die Reibungslinien im Abstande $R/2$ von der Nullinie entfernt liegen. Die Verkleinerung von a auf die Hälfte hat somit die gleiche Wirkung wie eine Verminderung der Reibung auf die Hälfte.

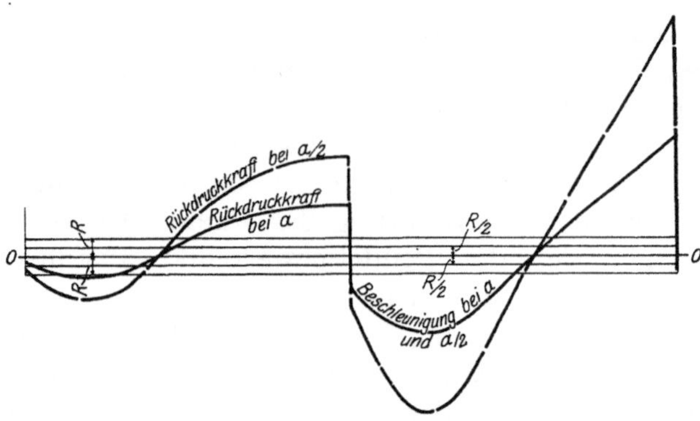

Abb. 67. Kraft- und Beschleunigungsdiagramm bei Reglerweg a und $\frac{a}{2}$ bei gleichem Arbeitsvermögen des Reglers.

Bei einer Belastungsänderung entspricht einer einseitigen Verstellkraft P ein Beschleunigungsdiagramm, das sich aus dem ursprünglichen Diagramm mit dem Ausschlage a ergibt, indem die Nullinie mit den im Abstand R eingetragenen Reibungslinien um die Strecke P verschoben wird, während beim Ausschlage $a/2$ die Nullinie mit den Reibungslinien im Abstand $R/2$ um $P/2$ zu verschieben ist. Die Bewegung des Reglers mit dem Ausschlage $a/2$ wird somit so verlaufen, wie wenn Reibung und Verstellkraft auf die Hälfte vermindert seien im Verhältnis zu den Werten, die bei dem Ausschlage a benötigt werden. Es wurde früher, S. 32 Abb. 31, erörtert, wie die Verstellgeschwindigkeit des Reglers zunimmt, wenn die Reibung abnimmt, und S. 31 Abb. 29, wie die Verstellgeschwindigkeit mit der Verstellkraft abnimmt. Die beiden beobachteten Einflüsse wirken einander entgegen und werden sich annähernd aufheben. Der Wert K kann infolgedessen als annähernd unverändert angesehen werden, wenn die Reglerpendelung dieselbe bleibt, d. h. wenn das Arbeitsvermögen des Reglers $C_m \cdot a$ das gleiche ist.

7. Berechnung des Regelvorganges auf Grundlage der Versuchsergebnisse.

a) Berechnung der Reglerbewegung.

Bezeichnet im Fliehkraftdiagramm des Reglers Abb. 68 in Übereinstimmung mit der bei Aufzeichnung des Regelvorganges (z. B. Abb. 14) gewählten Darstellung a in Zentimeter die gesamte radielle Schwerpunktsverlegung der Reglergewichte von größter bis kleinster Füllung[1]), und z_0 den Teil dieses Reglerwegs, der der Belastungsänderung von 1 auf 2 entspricht, so ist unter Voraussetzung einer geraden Triebkraftkurve das Verhältnis λ der Belastungsänderung zur Größtleistung dar-

[1]) Als Strecke a kann auch eine beliebige Bewegung innerhalb des Reglers zwischen den bei größter und kleinster Füllung vorhandenen Endlagen benutzt werden, z. B. die Abwicklung der Verstellkurve, die Zusammendrückung der Feder, die Bewegung eines Gelenkes usw., nur sind stets alle Kraftwirkungen (Rückdruckkräfte, Federkräfte, Fliehkraft, Trägheitskraft, Innenreibung usw.) auf diesen Weg zu beziehen. Welche Bezugseinheit gewählt wird, ist von dem Reglertyp abhängig. Im allgemeinen dürfte eine Reduktion auf die Federzusammendrückung am günstigsten sein, die beim Versuchsregler Abb. 1 mit der radiellen Schwerpunktsverlegung, d. h. dem Fliehkraftweg, zusammenfällt.

gestellt durch das Verhältnis z_0/a. Da der Pendelausschlag a im Verhältnis zum Abstande r des Pendelschwerpunkts des Reglerpendels von Wellenmitte klein ist, so können die astatischen Linien durch m und o als Parallele angenommen werden.

Nach der u. a. in Tolle: „Die Regelung der Kraftmaschinen", 2. Aufl. S. 333, gegebenen Entwicklung und unter Beibehaltung der dort gemachten Annahmen ist die Verstellkraft, die in der Stellung z des Reglers (z gerechnet von der neuen Gleichgewichtslage aus) zur Verlegung der Reglermassen zur Verfügung steht, bei einem Regler ohne Trägheitswirkung

$$P_c = 2\,\delta_r\, z\frac{C_m}{a} + \frac{2}{T}\frac{C_m}{a}\int z\,dt - 2\,\lambda\delta_r C_m.$$

Bei dem Regler mit Trägheitsmasse addiert sich zu P_c die Trägheitskraft P_t, die sich nach der auf S. 14 gegebenen Überlegung aus der gesamten Beharrungswirkung $J_r\frac{d\omega}{dt}$ sämtlicher Reglerteile um den Pendelschwerpunkt berechnet zu

$$P_t = (i)\frac{J_r}{\varrho}\cdot\frac{d\omega}{dt} = (i)\frac{J_r}{\varrho}\cdot\frac{\omega}{T}\cdot\lambda = (i)\frac{J_r}{\varrho}\cdot\frac{\omega}{T}\cdot\frac{z_0}{a}.$$

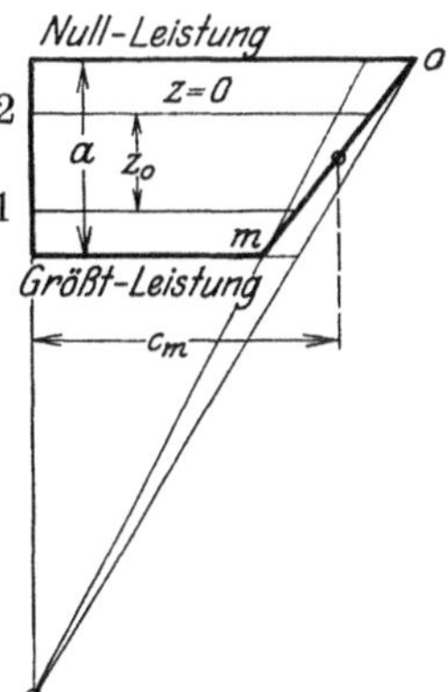

Abb. 68. Fliehkraftdiagramm.

Diese Kraft wirkt nach der a. a. O. S. 523 gegebenen Entwicklung genau so wie eine Vergrößerung des Ungleichförmigkeitsgrades δ_r um einen Betrag δ_b, der sich aus der Beziehung ermittelt

$$2\,\delta_b\cdot z\frac{C_m}{a} = (i)\frac{J_r}{\varrho}\cdot\frac{\omega}{T}\cdot\frac{z}{a}.$$

Hieraus berechnet sich

$$\delta_b = \frac{(i)}{2}\frac{J_r}{\varrho}\cdot\frac{\omega}{T}\cdot\frac{1}{C_m}.$$

Die Verstellkraft eines Reglers mit Trägheitswirkung in Stellung z ist somit

$$P = P_c + P_t = 2\,(\delta_r + \delta_b)\cdot z\cdot\frac{C_m}{a} + \frac{2}{T}\cdot\frac{C_m}{a}\int z\,dt - 2\,\lambda\,\delta_r C_m. \quad \ldots \quad (1)$$

Bei Behandlung des Regelvorganges in der Literatur wird diese Kraft gleichgesetzt mit der zur Beschleunigung des Reglers aufzuwendenden Kraft. Aus den vorliegenden Versuchen geht hervor, daß diese Annahme für Exzenterregler nicht zutrifft, indem die Beschleunigung nur einen verschwindend kleinen Teil dieser Kraft benötigt. Vielmehr bewirkt das Zusammenwirken der pendelnden Steuerungsrückdrucke und der Eigenreibung des Reglers, daß der Widerstand W im Regler der Geschwindigkeit v der Reglerbewegung annähernd proportional ist: $W = K\cdot v$, wobei K ein Koeffizient ist, der die Anzahl Kilogramm angibt, um die die Verstellkraft erhöht werden muß, um die Geschwindigkeit um 1 cm/sek zu erhöhen.

Die Geschwindigkeit der Reglerbewegung ist somit:

$$-v = -\frac{dz}{dt} = \frac{P}{K} = \frac{1}{K}\left[2\,(\delta_r + \delta_b)\,z\frac{C_m}{a} + \frac{2}{T}\frac{C_m}{a}\int z\,dt - 2\,\lambda\delta_r C_m\right] \quad \ldots \quad (2)$$

v ist negativ eingesetzt, da es eine Verminderung von z herbeiführt.

Durch Derivation ergibt sich:

$$-\frac{d^2z}{dt^2} = 2\,(\delta_r + \delta_b)\frac{C_m}{Ka}\cdot\frac{dz}{dt} + \frac{2}{T}\frac{C_m}{Ka}\cdot z$$

oder

$$\frac{d^2z}{dt^2} + 2\,(\delta_r + \delta_b)\frac{C_m}{Ka}\cdot\frac{dz}{dt} + \frac{2}{T}\frac{C_m}{Ka}\cdot z = 0.$$

Das ist eine Gleichung für freie gedämpfte Schwingungen, die in die Form übergeführt werden kann

$$\frac{d^2 z}{dt^2} + 2\beta \frac{dz}{dt} + \alpha^2 z = 0 \quad \text{(Hütte, 23. Aufl. Band I, S. 221).}$$

wobei $\beta = (\delta_r + \delta_b)\frac{C_m}{Ka}$ den Dämpfungsfaktor der Schwingung darstellt.

$$\alpha = \sqrt{\frac{2}{T} \cdot \frac{C_m}{Ka}}; \quad \alpha^2 = \frac{2}{T} \cdot \frac{C_m}{Ka}.$$

Das allgemeine Integral der Gleichung hat die Form:

$$z = A e^{u_1 t} + B e^{u_2 t},$$

wobei u_1 und u_2 Wurzeln der Gleichung

$$u^2 + 2\beta u + \alpha^2 = 0$$

$$u_1 = -\beta + \sqrt{\beta^2 - \alpha^2}$$

$$u_2 = -\beta - \sqrt{\beta^2 - \alpha^2}.$$

Es können nun 3 Fälle vorliegen:

1. $\beta < \alpha$. Schwache Dämpfung.

Die Wurzeln der Gleichung sind imaginär. Mit $\gamma = \sqrt{\alpha^2 - \beta^2}$ ist

$$u_1 = -\beta + i\gamma$$

$$u_2 = -\beta - i\gamma.$$

Die allgemeine Differentialgleichung erhält die Form:

Reglerweg $z = e^{-\beta t}[A \cos\cdot \gamma t + B \sin \gamma t]$ (Hütte S. 83). . . . . (3)

Hieraus folgt die Reglergeschwindigkeit

$$\frac{dz}{dt} = A e^{-\beta t}[-\gamma \sin \gamma t - \beta \cos \gamma t] + B e^{-\beta t}[\gamma \cos \gamma t - \beta \sin \gamma t]. \quad . \; . \; . \quad (4)$$

Für $t = 0$ (ursprüngliche Gleichgewichtslage) ist

$$z = z_0 = A \quad \text{(aus Gl. 3)}$$

und die Anfangsgeschwindigkeit:

$$\frac{dz}{dt} = v_0 = -2\delta_b z_0 \frac{C_m}{Ka} \quad \text{(aus Gl. 4).}$$

Hiermit wird $B = \frac{1}{\gamma}(v_0 + \beta z_0)$.

Mit diesen Werten wird für $\beta < \alpha$

$$\left.\begin{aligned}
z &= e^{-\beta t}\left[z_0 \cos \gamma t + \frac{1}{\gamma}(v_0 + \beta z_0) \sin \gamma t\right] \\
\frac{dz}{dt} &= z_0 e^{-\beta t}[-\gamma \sin \gamma t - \beta \cos \gamma t] + \frac{1}{\gamma}(v_0 + \beta z_0) e^{-\beta t}[\gamma \cos \gamma t - \beta \sin \gamma t]. \\
\beta &= (\delta_r + \delta_b)\frac{C_m}{Ka} \qquad \gamma = \sqrt{\alpha^2 - \beta^2} \\
\alpha &= \sqrt{\frac{2}{T}\frac{C_m}{Ka}} \qquad v_0 = -2\delta_b z_0 \cdot \frac{C_m}{Ka}
\end{aligned}\right\} \quad \text{(I)}$$

Die gleichbleibende Schwingungsdauer (Zeit zwischen zwei gleichsinnigen Durchgängen durch die Nullage oder zwischen zwei gleichsinnigen Amplituden) beträgt $T_p = 2\pi/\gamma$ und ist um so größer, je größer die Dämpfung ist.

Die Dämpfung wird durch den Faktor $\beta = (\delta_r + \delta_b)\frac{C_m}{Ka}$ bestimmt. Je größer β ist, um so rascher nehmen die Amplituden der Schwingungen mit der Zeit ab. Je größer der gesamte Ungleichförmigkeitsgrad $(\delta_r + \delta_b)$ und je größer die Fliehkraft C_m des Reglers ist, um so rascher kommt der Regler zur Ruhe, während eine Erhöhung der Eigenreibung des Reglers (großes K) die Abnahme der Schwingungen verlangsamt. Es ist beachtenswert, daß die Abnahme der Pendelamplituden von der Anzahl der Schwingungen, d. h. von den Schwingungsperioden

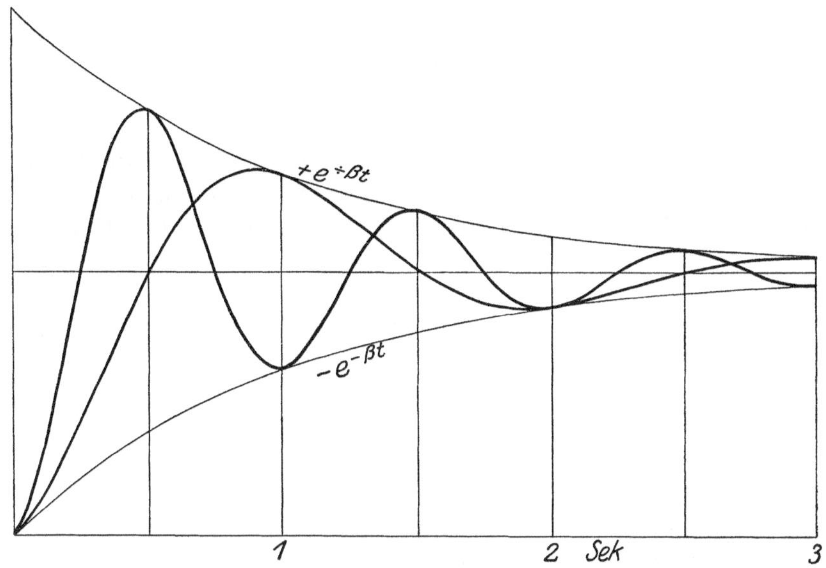

Abb. 69. Gedämpfte Schwingungen mit gleichem Dämpfungsfaktor, aber verschiedener Schwingungsdauer.

unabhängig ist, sie ist nur abhängig von der Zeit. Zwei Regler mit dem gleichen Dämpfungsfaktor, aber verschiedener Schwingungsdauer werden also schwingen wie Abb. 69 zeigt.

Mit der Zunahme von β nehmen die Pendelungen dauernd ab, bis für $\beta = \alpha$ der Grenzfall eintritt, in dem aperiodische Bewegung erreicht wird.

2. $\beta = \alpha$ aperiodische Bewegung

$$(\delta_r + \delta_b)\frac{C_m}{Ka} = \sqrt{\frac{2}{T}\cdot\frac{C_m}{Ka}}$$

$$(\delta_r + \delta_b) = \sqrt{\frac{2}{T}\cdot\frac{Ka}{C_m}}$$

$$u_1 = u_2 = -\beta$$

$$\gamma = 0.$$

Die allgemeine Differentialgleichung erhält die Form:

$$z = e^{-\beta t}(A + Bt)$$

$$\frac{dz}{dt} = -\beta A e^{-\beta t} + B e^{-\beta t} - \beta B t e^{-\beta t} = v.$$

Für $t_0 = 0$ (ursprüngliche Gleichgewichtslage) ist

$$z = z_0 = A$$

und die Anfangsgeschwindigkeit der Verstellung

$$v_0 = -\beta A + B$$
$$B = v_0 + \beta A = v_0 + \beta z_0.$$

Mit diesen Werten wird für $\beta = \alpha$

$$\left.\begin{aligned} z &= (z_0 + [v_0 + \beta z_0] t) e^{-\beta t} \\ \frac{dz}{dt} &= v_0 - \beta (v_0 + \beta z_0) t \cdot e^{-\beta t} \end{aligned}\right\} \quad \ldots\ldots\ldots\ldots (\mathrm{II})$$

Die Bewegung des Reglers ist aperiodisch. Der Ungleichförmigkeitsgrad

$$(\delta_r + \delta_b) = \sqrt{\frac{2}{T} \cdot \frac{K a}{C_m}}$$

ist der **kleinste Ungleichförmigkeitsgrad**, bei dem der Regler ohne Pendelungen aus der ursprünglichen Gleichgewichtslage in die neue Stellung übergeht. Wir bezeichnen den Wert im folgenden als **Grenzwert des Ungleichförmigkeitsgrades** mit δ_g.

3. $\beta > \alpha$. Starke Dämpfung.

Mit $\gamma = \sqrt{\beta^2 - \alpha^2}$ wird $u_1 = -\beta + \gamma$,

$$u_2 = -\beta - \gamma,$$
$$z = A e^{(-\beta+\gamma) t} + B e^{(-\beta-\gamma) t},$$
$$\frac{dz}{dt} = (-\beta + \gamma) A e^{(-\beta+\gamma) t} + (-\beta - \gamma) B e^{(-\beta-\gamma) t} = v.$$

Für $t = 0$ wird

$$z = z_0 = A + B,$$
$$B = z_0 - A,$$
$$v_0 = (-\beta+\gamma) A + (-\beta-\gamma) B = (-\beta+\gamma+\beta+\gamma) A - (\beta+\gamma) z_0,$$
$$A = \frac{1}{2\gamma} [v_0 + (\beta + \gamma) z_0],$$
$$B = -\frac{1}{2\gamma} [v_0 + (\beta - \gamma) z_0].$$

$$\left.\begin{aligned} z &= \frac{1}{2\gamma} [v_0 + (\beta+\gamma) z_0]\, e^{(-\beta+\gamma) t} - \frac{1}{2\gamma} [v_0 + (\beta-\gamma) z_0]\, e^{(-\beta-\gamma) t} \\ \frac{dz}{dt} &= \frac{-\beta+\gamma}{2\gamma} \cdot [v_0 + (\beta+\gamma) z_0]\, e^{(-\beta+\gamma) t} + \frac{\beta+\gamma}{2\gamma} [v_0 + (\beta-\gamma) z_0] \cdot e^{(-\beta-\gamma) t}. \end{aligned}\right\} (\mathrm{III})$$

Die Bewegung des Reglers ist ebenfalls aperiodisch.

Die größte Schwingungsamplitude.

Nähert man sich der Grenze, bei der die Regelung unmöglich wird, d. h. $\beta = 0$, so will der Regler fortsetzen mit seiner ursprünglichen Schwingungsamplitude zu pendeln; wird $\beta < 0$, so nehmen die Schwingungen dauernd zu. Für den Grenzzustand $\beta = 0$, berechnet sich der Reglerausschlag z aus Gleichung I zu

$$z = z_0 \cdot \cos \gamma t + \frac{v_0}{\gamma} \sin \gamma t$$

und erreicht seinen Größtwert $z_{\max}$ für

$$\frac{dz}{dt} = -\gamma z_0 \sin\gamma t + v_0 \cos\gamma t = 0.$$

$$\operatorname{tg}\gamma t = \frac{v_0}{\gamma z_0},$$

$$\cos\gamma t = \frac{1}{\sqrt{1+\operatorname{tg}^2\gamma t}} = \frac{\gamma z_0}{\sqrt{\gamma^2 z_0^2 + v_0^2}},$$

$$\sin\gamma t = \frac{\operatorname{tg}\gamma t}{\sqrt{1+\operatorname{tg}^2\gamma t}} = \frac{v_0}{\sqrt{\gamma^2 z_0^2 + v_0^2}}.$$

Diese Werte eingesetzt, ergibt sich die größte Schwingungsamplitude zu

$$z_{\max} = \frac{\gamma z_0^2}{\sqrt{\gamma^2 z_0^2 + v_0^2}} + \frac{v_0}{\gamma} \cdot \frac{v_0}{\sqrt{\gamma^2 z_0^2 + v_0^2}} = \frac{\gamma^2 z_0^2 + v_0^2}{\gamma\sqrt{\gamma^2 z_0^2 + v_0^2}}$$

oder

$$z_{\max} = \sqrt{z_0^2 + \left(\frac{v_0}{\gamma}\right)^2}.$$

$z_{\max}$ wird größer wie z_0, und der Unterschied beider wird um so größer, je größer die Anfangsgeschwindigkeit v_0 des Reglers ist, die von der Trägheitswirkung abhängt, und je kleiner γ ist, d. h. je größer die Schwingungszeit $2\pi/\gamma$ wird. Dies ist der Grenzzustand. Aber auch bei gedämpften Schwingungen, d. h. $\beta > 0$, kann es vorkommen, daß $z_{\max}$ größer wird wie z_0. β darf dabei nur so klein sein, daß in Gleichung I, wenn für t die Zeit des ersten Pendelmaximums eingesetzt wird, der Faktor $e^{-\beta t}$ nicht so viel unter 1 abnimmt, daß e multipliziert mit $z_{\max}$ das Produkt kleiner macht wie z_0. Daraus folgt, daß, entgegen der in der Literatur vertretenen Anschauung, ein Regler mit Trägheitswirkung einen Ausschlag $z_{\max} > z_0$ nach der z_0 entgegengesetzten Seite haben kann und trotzdem zur Ruhe kommt. Der Regelungsverlauf entspricht ungefähr der Abb. 70. Ein solcher Regelvorgang kann dann auftreten, wenn δ_r negativ ist und δ_b etwas größer positiv, so daß der resultierende Ungleichförmigkeitsgrad $(\delta_r + \delta_b)$ und damit auch β kleine positive Werte sind, während die Trägheitskräfte verhältnismäßig groß sind. Dieser Fall liegt nahezu vor in dem Versuche Abb. 59, bei dem $\delta_r = -2$ vH., $\delta_b = +4{,}1$ vH. und Abb. 60, bei dem $\delta_r = -1{,}19$ vH., $\delta_b = +2{,}25$ vH.

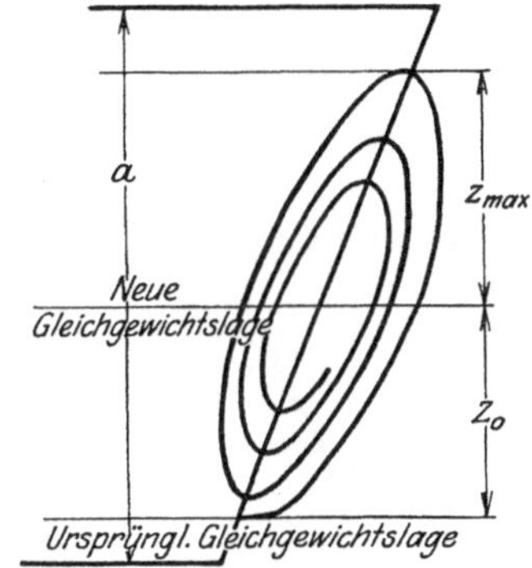

Abb. 70. Regelungsverlauf mit größtem Schwingungsausschlag.

b) Vergleich der berechneten und der wirklichen Reglerbewegung für verschiedene Beispiele.

Im folgenden möge an Hand einiger Beispiele aus den Regelversuchen gezeigt werden, wie nahe die theoretische Berechnung dem wirklichen Kurvenverlauf zu kommen vermag.

Beispiel 1. Als erstes Beispiel sei der Versuch Abb. 61 (Entlastung) an dem Jahnsregler der liegenden Dampfmaschine nachgerechnet, bei dem die Umdrehungszahl niedrig, die Trägheitswirkung gering, der Ungleichförmigkeitsgrad klein und die Anlaufzeit der Maschine groß ist.

Größte Belastung	$N = 75$ kW
Mittlere Umdrehungszahl in der Minute	$n_m = 119$
Anlaufzeit	$T = 20$ sek
Mittlere Fliehkraft	$C_m = 458$ kg
Größter Reglerweg	$a = 6$ cm
Ungleichförmigkeitsgrad durch Fliehkraft	$\delta_r = 4{,}3$ vH.
" " Trägheitskraft	$\delta_b = 0{,}25$ vH.
$(\delta_r + \delta_b)$	$= 4{,}55$ vH.
$\dfrac{\text{Verstellkraft}}{\text{Reglergeschwindigkeit}}$	$K = 17 \dfrac{\text{kg}}{\text{cm/sek}}$.

$$\left.\begin{aligned} \beta &= (\delta_r + \delta_b)\frac{C_m}{K \cdot a} = 0{,}0455 \cdot \frac{458}{17 \cdot 6} = 0{,}204 \\ \alpha &= \sqrt{\frac{2}{T} \cdot \frac{C_m}{Ka}} = \sqrt{\frac{2}{20} \cdot \frac{458}{17 \cdot 6}} = 0{,}670 \end{aligned}\right\} \beta < \alpha .$$

Für den Ausschlag des Reglers gilt Gleichung (I):

$$z = e^{-\beta t}\left[z_0 \cos\gamma t + \frac{1}{\gamma}(v_0 + \beta z_0)\sin\gamma t\right],$$

$$\gamma = \sqrt{\alpha^2 - \beta^2} = \sqrt{0{,}45 - 0{,}04} = 0{,}64,$$

$$z_0 = 2{,}8 \text{ cm},$$

$$v_0 = -2\delta_b z_0 \frac{C_m}{K \cdot a} = -0{,}063 \frac{\text{cm}}{\text{sek}},$$

$$\frac{1}{\gamma}(v_0 + \beta z_0) = \frac{1}{0{,}64}(-0{,}063 + 0{,}204 \cdot 2{,}8) = 0{,}794.$$

Die Gleichung der Reglerbewegung ist somit

$$z = e^{-0{,}204\,t}\,[2{,}8 \cos 0{,}64\,t + 0{,}794 \sin 0{,}64\,t]$$

und die Schwingungsdauer

$$T_p' = \frac{2\pi}{\gamma} = 9{,}82 \text{ sek.}$$

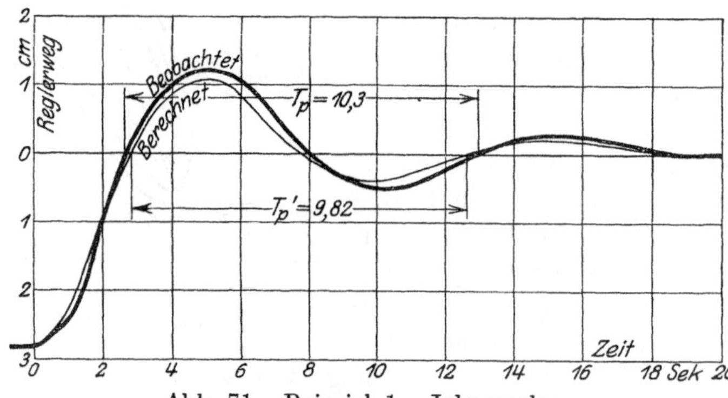

Abb. 71. Beispiel 1. Jahnsregler. Darstellung des berechneten und beobachteten Reglerwegs für Versuch Abb. 61.

In Abb. 71 ist die Gleichung der Reglerbewegung abhängig von der Zeit eingetragen. Die berechnete Kurve (schwächer ausgezogene Linie) zeigt eine sehr gute Übereinstimmung mit der im Versuch festgestellten Kurve des Reglerwegs (stark ausgezogene Linie). Die Schwingungsdauer T_p der letzteren beträgt ca. 10,3 sek. Die Dämpfung der Pendelungen ist in beiden Kurven annähernd die gleiche. Die gute Übereinstimmung beider Kurven ist wohl in erster Linie begründet in der sicheren Kenntnis des Verhältnisses K der Verstellkraft zur Reglergeschwindigkeit, das bei diesem Versuch sich als nahezu unveränderlich ergeben hatte.

Die Schwingungen des Reglers würden verschwinden, wenn der Ungleichförmigkeitsgrad $(\delta_r + \delta_b)$ auf den Wert

$$\delta_g = \sqrt{\frac{2}{20} \cdot \frac{17 \cdot 6}{458}} = 15 \text{ vH.}$$

erhöht würde, während im vorliegenden Falle $\delta_r + \delta_b = 4{,}55$ vH. ist.

Beispiel 2. Als zweites Beispiel sei der Entlastungsvorgang Abb. 52 an dem gleichen Regler bei größerem Ungleichförmigkeitsgrad gewählt.

Größte Belastung	$N = 75$ kW
Mittlere Umdrehungszahl in der Minute . .	$n_m = 117$
Anlaufzeit	$T = 17{,}75$ sek
Größter Reglerweg	$a = 6$ cm
Mittlere Fliehkraft	$C_m = 443$ kg
Ungleichförmigkeitsgrad durch Fliehkraft . .	$\delta_r = 12{,}2$ vH.
„ „ Trägheitskraft	$\delta_b = 0{,}68$ vH.
$(\delta_r + \delta_b)$	$= 12{,}88$ vH.
$\frac{\text{Verstellkraft}}{\text{Reglergeschwindigkeit}}$	$K = 23 \frac{\text{kg}}{\text{cm/sek}}$.

$$\left.\begin{aligned}\beta &= 0{,}413 \\ \alpha &= 0{,}603\end{aligned}\right\} \beta < \alpha$$
$$\gamma = 0{,}438.$$

Für den Reglerweg gilt wiederum Gleichung (I), die mit $z_0 = 3{,}15$ cm, $v_0 = 0{,}138 \frac{\text{cm}}{\text{sek}}$ und $\frac{1}{\gamma}(v_0 + \beta z_0) = 2{,}65$ als Gleichung für die Reglerbewegung ergibt:

$$z = e^{-0{,}413\,t}(3{,}15 \cos 0{,}438\,t + 2{,}65 \sin 0{,}438\,t).$$

Die Gleichung ist in Abb. 72 als schwächer ausgezogene Linie eingetragen, während die Versuchskurve wiederum der stärker ausgezogenen Linie entspricht. Der rasche Anstieg der letzteren und die dadurch hervorgerufene stärkere Überschreitung der neuen Gleichgewichtslage ist auf die in Abschnitt 3 behandelten elektrischen Einflüsse zurückzuführen, die besonders bei größerem Ungleichförmigkeitsgrad im Augenblick der Entlastung vorübergehend eine bedeutende Vergrößerung der Belastungsänderung hervorrufen, während in der berechneten Kurve der sofortige Übergang in den neuen Belastungszustand vorausgesetzt ist (siehe auch S. 73).

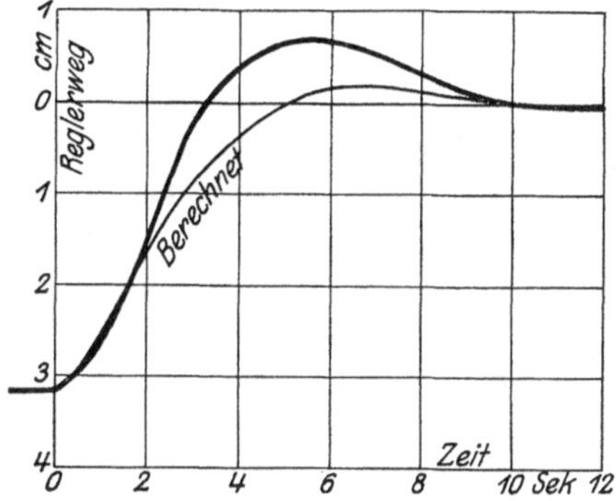

Abb. 72. Beispiel 2. Jahnsregler. Darstellung des berechneten und beobachteten Reglerwegs für Versuch Abb. 52.

Ein aperiodischer Übergang in den neuen Gleichgewichtszustand würde einen etwas höheren Ungleichförmigkeitsgrad bedingen, nämlich

$$\delta_r + \delta_b = \delta_g = \sqrt{\frac{2}{T} \cdot \frac{K a}{C_m}} = 18{,}75 \text{ vH.}$$

gegenüber dem Werte des Versuchs 12,88 vH.

Beispiele 3, 4 und 5. Als Gegenbeispiele seien drei Versuche, Abb. 58 bis 60, an dem Versuchsregler der stehenden Einzylindermaschine gewählt, Belastungsvorgänge mit sehr kleinem Ungleichförmigkeitsgrad δ_r, geringer Fliehkraft und sehr geringer Anlaufzeit der Maschine. Die Beispiele 3 und 4, Abb. 59 und 60, mit negativem Ungleichförmigkeitsgrad, die am gleichen Tage, ohne nennenswerte Änderung am Regler und mit ungefähr gleicher Belastungsänderung, ausgeführt wurden, unterscheiden sich nur hinsichtlich der Trägheitswirkung der Maschine, die von 17,95 kg m sek² in Beispiel 3 auf 28,5 kg m sek² in Beispiel 4 erhöht wurde, wodurch die Anlaufzeit sich von 2,3 auf 4,0 sek vergrößert. Infolge der größeren Anlaufzeit ist die Beharrungswirkung des Reglers (δ_b) bei 4 geringer wie bei 3.

Beispiel 5, Abb. 58, zeigt eine etwas größere Belastungsänderung wie 3 bei gleicher Trägheitswirkung der Maschine wie 3.

		Normale Maschinenmasse	Vergrößerte Maschinenmasse	Normale Maschinenmasse
Beispiel		3 (Abb. 59)	4 (Abb. 60)	5 (Abb. 58)
Größte Belastung der Maschine	kW	27,0	24,4	22,6
Belastungserhöhung	„	4,2	4,75	8,52
Mittlere Umdrehungszahl in der Minute		179	178	176
Anlaufzeit der Maschine	sek	2,3	4,0	2,7
Größter Reglerweg	cm	2,4	2,4	2,4
Mittlere Fliehkraft	kg	99,0	99,0	93,4
Ungleichförmigkeitsgrad durch Fliehkraft δ_r	vH.	—2,0	—1,19	+0,4
„ „ Trägheitskraft δ_b	„	+4,1	+2,25	+3,4
$(\delta_r + \delta_b)$	„	+2,10	+1,06	+3,8
$\frac{\text{Verstellkraft}}{\text{Reglergeschwindigkeit}}$ ca.	$\frac{\text{kg}}{\text{cm/sek}}$	19	19	22
	β	0,045	0,023	0,067
	α	1,375	1,040	1,140
	γ	1,370	1,040	1,139
z_0	cm	0,354	—	+0,850
v_0	cm/sek	+0,063	—	+0,102
Schwingungsdauer berechnet	sek	4,60	6,04	5,52
„ experimentell	„	4,85	6,30	6,00
δ_g (für $\beta = \alpha$)	vH.	63,0	48,0	—

Die Bewegungsgleichung des Reglers ist

für Beispiel 3: $z = e^{-0{,}045\,t}\,[0{,}354 \cos 1{,}37\,t - 0{,}0343 \sin 1{,}37\,t]$,

für Beispiel 4: $z = e^{-0{,}0674\,t}\,[0{,}85 \cos 1{,}139\,t - 0{,}0395 \sin 1{,}139\,t]$.

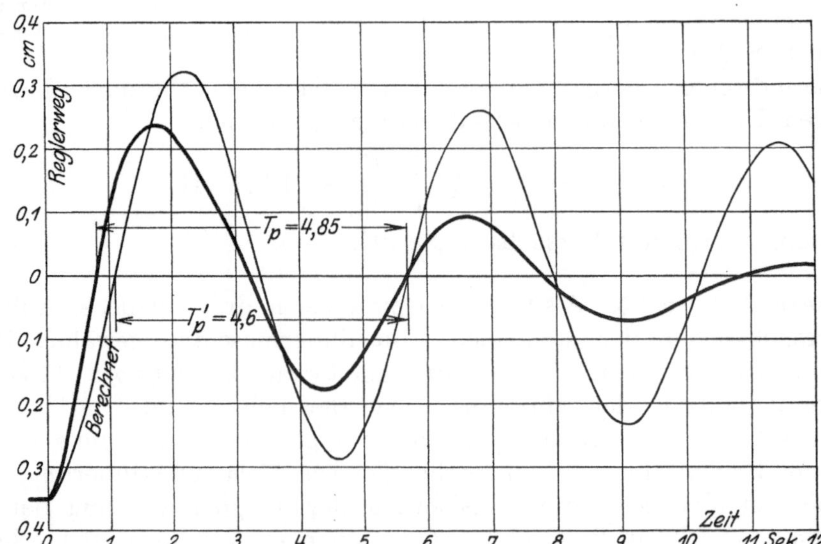

Abb. 73. Beispiel 3. Versuchsregler. Darstellung des berechneten und beobachteten Reglerwegs für Versuch Abb. 59.

In den drei Versuchen ist die wirkliche Schwingungsdauer etwas größer wie die berechnete. Die Zeiten, in denen der Regler zur Ruhe kommt, siehe Abb. 58 bis 60, sind annähernd proportional mit den berechneten Dämpfungsfaktoren β. Diese berechneten Faktoren sind jedoch wesentlich kleiner wie die wirklichen Dämpfungsfaktoren, wie für Beispiel 3 und 5 der Vergleich der berechneten und wirklichen Reglerbewegung in Abb. 73 und 74 erkennen läßt. Bei den sehr großen und sehr kurzen Schwingungen wirkt nämlich die gesamte Anordnung schwingungsdämpfend. Die zwischen Dampfmaschine und Belastungsgenerator eingeschalteten zwei Riementriebe, Abb. 9, geben der Übertragung eine gewisse Elastizität. Hierzu kommt die elektrische Dämpfung des Generators ohne Spannungsregler, die, wie aus der Form der Belastungskurven in Abb. 59 und 60 ersichtlich, bei diesen Versuchen sehr wirksam ist, und die bei der Berechnung, die einen augenblicklichen schwingungsfreien Übergang der Belastung voraussetzt, nicht berücksichtigt wurde. Über die Art ihres Einflusses sei an die Ausführungen S. 18 erinnert. Der Regler kommt also wesentlich rascher zur Ruhe wie berechnet.

Für die ersten Pendelungen stimmen in beiden Versuchen die wirklichen und berechneten Kurven gut überein, indem die schwingungsdämpfende Wirkung der Maschine auf die erste Pendelung nur wenig Einfluß ausübt.

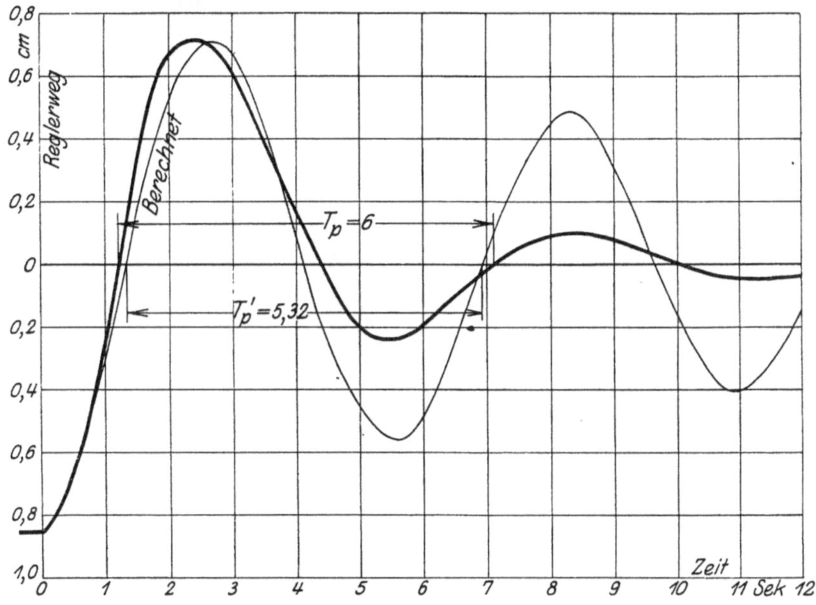

Abb. 74. Beispiel 5. Versuchsregler. Darstellung des berechneten und beobachteten Reglerwegs für Versuch Abb. 60.

Beispiel 6 und 7. Lokomobilregler. Die Untersuchung bezieht sich auf die Entlastungsversuche, Abb. 44 und 46, mit kleinem und großem Ungleichförmigkeitsgrad, mit $\beta < \alpha$ und $\beta > \alpha$ unter im übrigen ganz gleichen Verhältnissen der Maschine.

Beispiel		6 (Abb. 44) $\beta < \alpha$	7 (Abb. 46) $\beta > \alpha$
Größte Belastung	kW	30,0	30,0
Belastungsabnahme	„	20,5	20,5
Anlaufzeit der Maschine	sek	5,5	5,5
Mittlere Umdrehungszahl in der Minute		234	234
Mittlere Fliehkraft	kg	214	214
Ungleichförmigkeitsgrad durch Fliehkraft δ_r	vH.	3,5	14,5
„ „ Trägheitskraft δ_b	„	0,175	0,55

		$\beta < \alpha$	$\beta > \alpha$
$(\delta_r + \delta_b)$	„	3,675	15,05
$\frac{\text{Verstellkraft}}{\text{Reglergeschwindigkeit}}$	$\frac{\text{kg}}{\text{cm/sek}}$	1,2	1,2
	β	2,38	9,74
	α	5,24	5,24
	γ	4,57	8,32
z_0	cm	1,545	1,545
v_0	cm/sek	— 0,35	— 1.11

Die Reglerbewegung ist dargestellt durch folgende Gleichungen:

für Beispiel 6 (Gleichung I):

$$z = e^{-2{,}38\,t}(1{,}545 \cos 4{,}57\,t + 0{,}73 \sin 4{,}57\,t),$$

für Beispiel 7 (Gleichung III):

$$z = 1{,}61^{-1{,}44\,t} + 0{,}067\; e^{-18{,}04\,t}.$$

Die Grenze der aperiodischen Pendelung ($\beta = \alpha$) liegt zwischen den beiden Versuchen bei dem Grenzwert des Ungleichförmigkeitsgrades $\delta_g = 7{,}48$ vH.

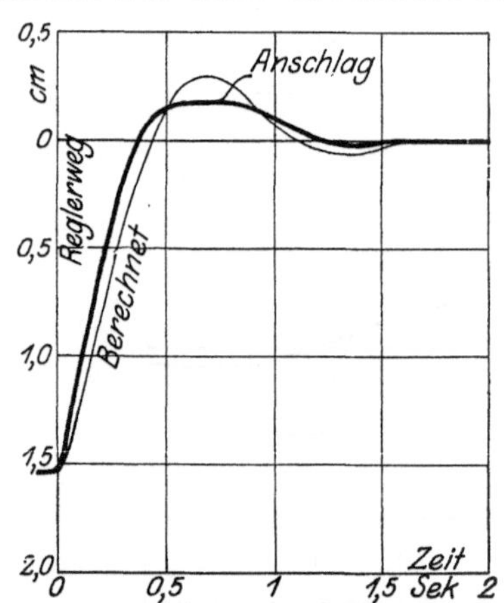

Abb. 75. Beispiel 6. Lokomobilregler. Darstellung des berechneten und beobachteten Reglerwegs für Versuch Abb. 44.

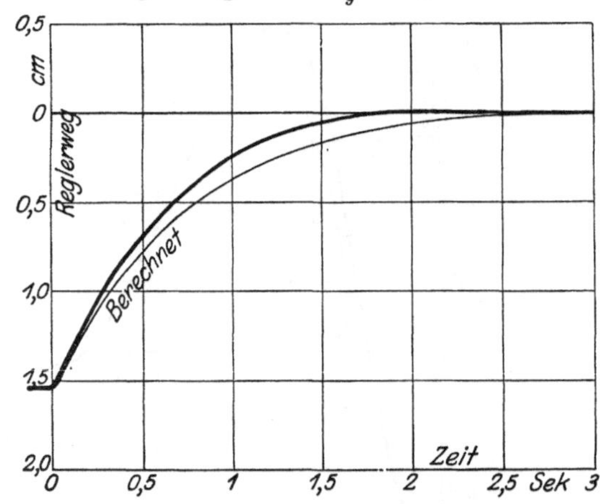

Abb. 76. Beispiel 7. Lokomobilregler. Darstellung des berechneten und beobachteten Reglerwegs für Versuch Abb. 46.

Die berechneten Kurven der Reglerbewegung Abb. 75 und 76 zeigen gute Übereinstimmung mit den wirklichen Kurven, nur ist der Regler bei Beispiel 6 in der Außenstellung angeschlagen. Unter entsprechender Korrektion der Bewegungskurve ist die Übereinstimmung befriedigend.

Beispiel 8. Hartungregler. Entlastungsvorgang. Versuch Abb. 62.

Größte Belastung	kW	70
Belastungsabnahme	„	29,8
Anlaufzeit der Maschine	sek	35
Mittlere Umdrehungszahl in der Minute		147
Mittlere Fliehkraft	kg	656
Ungleichförmigkeitsgrad durch Fliehkraft δ_r . .	vH.	7,30
„ „ Trägheitskraft δ_b	„	— 0,08
$\delta_r + \delta_b$	„	7,22
$\frac{\text{Verstellkraft}}{\text{Reglergeschwindigkeit}}$	$\frac{\text{kg}}{\text{cm/sek}}$	12

	$\beta > \alpha$		$\beta < \alpha$
	β	0,72	$\beta < \alpha$
	α	0,755	
	γ	0,28	
z_0	cm	2,20	
v_0	cm/sek	+0,035	

Gleichung der Reglerbewegung:

$$z = e^{-0,72\,t} \cdot (2,2 \cos 0,28\,t + 5,77 \sin 0,28\,t).$$

Abb. 77 zeigt den berechneten Reglerweg im Vergleich zu der experimentell aufgenommenen Kurve.

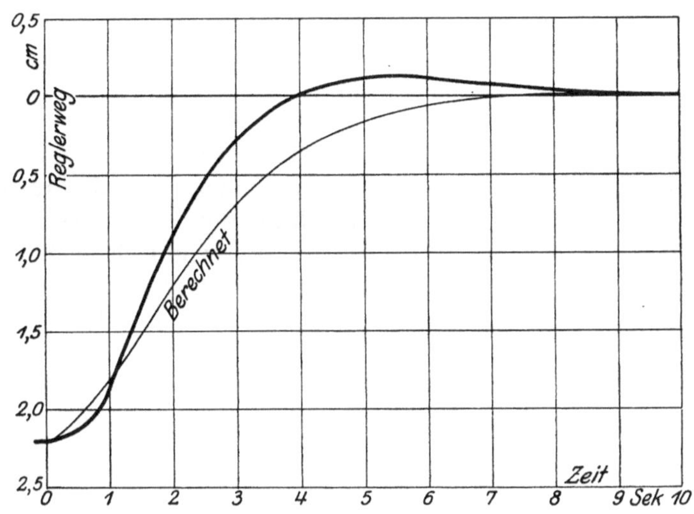

Abb. 77. Beispiel 8. Hartungregler. Darstellung des berechneten und beobachteten Reglerwegs für Versuch Abb. 62.

c) Erörterung der Gleichungen der Reglerbewegung.

Die vorliegenden Beispiele zeigen eine gute Übereinstimmung der berechneten und aufgenommenen Kurve der Reglerbewegung, unter Berücksichtigung dessen, daß der Berechnung eine Reihe von Annahmen zugrunde liegen, die von den wirklichen Verhältnissen mehr oder minder abweichen.

Zunächst ist vorausgesetzt, daß die Leistung sich proportional mit der Reglerbewegung ändert, während die Abhängigkeit in der Regel einer gekrümmten Kurve entspricht.

Weiterhin ist angenommen, daß der Belastungsübergang augenblicklich und ohne Schwingungen erfolgt. Dies ist, wie die Beispiele sämtlicher Regelversuche zeigen, infolge der elektrischen Einflüsse nicht der Fall. Zunächst erfolgt die Belastungsänderung nicht momentan, der Zeitraum des Überganges ist allerdings so klein, daß er für den Regler keine größere Bedeutung hat. Dagegen ist es von größerer Wichtigkeit, daß bei der Belastungsänderung die neue Belastung im ersten Augenblick überschritten wird. Diese vorübergehende Vergrößerung der Belastung ist, wie die Versuchsbeispiele zeigen, teilweise sehr beträchtlich. Der Regler wird sich also im ersten Augenblick unter dem Einfluß dieser vergrößerten Belastungsänderung rascher bewegen, als der der Berechnung zugrunde liegenden Belastungsänderung entspricht. Dieser Einfluß ist, wie S. 20 gezeigt, besonders typisch bei Belastungserhöhung und großem Ungleichförmigkeitsgrad.

Die Wirkung der elektrischen Maschine wird noch gesteigert durch den Einfluß des Eigenwiderstandes der Kraftmaschine und der von ihr angetriebenen Transmissionen, Belastungsmaschine usw., der sich ungefähr proportional mit der Umdrehungszahl ändert. Auch hierdurch wird, besonders bei größerem Ungleichförmigkeitsgrad, der Belastungsunterschied vergrößert. In dem gemeinsamen Einflusse der elektrischen Maschine und des Eigenwiderstandes ist es begründet, daß die wirklichen Reglerkurven bei den Versuchen mit großem Ungleichförmigkeitsgrad, Abb. 72, 76, 77, etwas rascher ansteigen wie die berechneten Kurven.

Weiterhin ist vorausgesetzt, daß der Regelwiderstand proportional der Verstellgeschwindigkeit $\frac{dz}{dt}$ zunimmt, daß also die Verhältniszahl K konstant ist. Das kann der Fall sein, wie näherungsweise in Beispiel 1, ist aber, wie aus den früheren Untersuchungen S. 31 und 34 sowie Abb. 29 hervorgeht, selten. Außerdem wurde angenommen, daß K für Bewegung in beiden Richtungen den gleichen Wert besitzt. Auch das ist besonders bei unregelmäßiger Form der Rückdruckkraftkurve nicht der Fall, siehe die Kurven für Ventilsteuerung in Abb. 29 sowie Abb. 53, welche die Verschiedenheit des Widerstandes in beiden Richtungen besonders typisch erkennen lassen. Auch die weitere Annahme, daß K in den verschiedenen Stellungen des Reglers denselben Wert besitzt, ist nicht zutreffend, da die hin- und hergehende Bewegung der Steuerungsteile, sowie die Stellung des Exzenters zur Exzenterstange und damit auch die Rückdruckkräfte variieren, wodurch sich auch K ändert. Hierzu kommt, daß auch die Innenreibung des Reglers selten im ganzen Verstellgebiet unverändert ist. Sie ist in der Regel in den meist benutzten Stellungen am kleinsten.

Alle diese Annahmen sind bei der Aufstellung von Gleichungen für die Reglerbewegung nicht zu vermeiden und die Richtung ihres Einflusses kann bei der kritischen Beurteilung der berechneten Kurven berücksichtigt werden.

Als ein stärkerer Einwand gegen die hier durchgeführte Berechnungsweise könnte also der verbleiben, daß bei der vorliegenden Untersuchung von den Kräften, die den Regler beschleunigen, vollständig abgesehen wurde. Hierin liegt eine Annäherung, da zur Beschleunigung der Reglermassen Kräfte aufzuwenden sind, aber die Versuche haben gezeigt, daß diese Kräfte klein sind, rein verschwindend gegenüber den Kräften, die zur Überwindung der (Reibungs-)Widerstände auftreten, so daß der Fehler, der in ihrer Vernachlässigung liegt, gegenüber den übrigen Annahmen durchaus zulässig erscheint. Eine Berücksichtigung der Beschleunigungskräfte ist mathematisch möglich, indem folgende Gleichung der Verstellkräfte zu lösen ist:

$$P_c + P_t = 2(\delta_r + \delta_b)\, z\, \frac{C_m}{a} + \frac{2}{T}\, \frac{C_m}{a} \int z\, dt - 2\lambda \delta_r C_m = -K \frac{dz}{dt} - m \frac{d^2 z}{dt^2},$$

wobei m die auf den Reglerausschlag a bezogene Masse des Reglers bedeutet.

Die Lösung dieser Gleichung ist wohl möglich, aber die Berechnung der Schwingungsdauer und des günstigsten Ungleichförmigkeitsgrades $(\delta_r + \delta_b)$ als Funktionen der charakteristischen Größen des Reglers muß auf so unübersichtliche Formeln führen, daß sich aus ihnen kaum Anhaltspunkte für den Reglerkonstrukteur ableiten lassen. Wenn deshalb in den mitgeteilten Berechnungen für pendelnde Exzenterregler das im Verhältnis zu $K \frac{dz}{dt}$ verschwindend kleine Glied $m \frac{d^2 z}{dt^2}$ nicht berücksichtigt ist, so ist der damit verbundene Fehler im Verhältnis zu den anderen für die Berechnung unvermeidlichen Annahmen nur sehr gering und durchaus berechtigt mit Rücksicht auf die bedeutende Vereinfachung, die sich damit erzielen läßt. Die entwickelte Gleichung der Reglerbewegung kommt den wirklichen Verhältnissen wesentlich näher als die Bewegungskurven, die sich unter

Benutzung der von Tolle u. a. entwickelten Bewegungsgleichungen ergeben, bei denen das Glied $K\frac{dz}{dt}$ vernachlässigt wird zum Vorteil von $m\frac{d^2z}{dt^2}$.

Es finden sich wohl Regler (insbesondere Gewichtsregler), bei denen die Vernachlässigung von $K\frac{dz}{dt}$ berechtigt sein kann, aber es ist anzunehmen, daß diese Sonderfälle wesentlich seltener sind als im allgemeinen angenommen wird, indem die Kräfte, die der Reglergeschwindigkeit in einem gewissen Grade proportional sind und die bei jedem Regler in größerem oder geringerem Maße auftreten, in der bisherigen Reglerliteratur ausnahmslos unterschätzt werden. Einen deutlichen Beleg für das Auftreten der von der Reglergeschwindigkeit abhängigen inneren Widerstände auch bei Muffenreglern bieten die Versuche von Professor Gutermuth an einem Gewichtsregler von Steinle-Hartung, Zeitschr. d. Ver. deutsch. Ing. 1914, S. 408, bei denen aus Abb. 17, 18 und 20 der betreffenden Veröffentlichung ebenfalls eine angenäherte Proportionalität zwischen Verstellkraft und Reglergeschwindigkeit hervorgeht. Bei diesen Versuchen wurden Pendelungen des Reglers (mit Hülsenverschiebungen von max 1 mm) infolge Rückdruck der Steuerung und des Antriebs festgestellt, die bewirkten, daß kein Unempfindlichkeitsgebiet vorhanden war. Es möge jedoch ausdrücklich hervorgehoben werden, daß auch beim nichtpendelnden Regler, der ein gewisses Unempfindlichkeitsgebiet besitzt, in der für Fall 4 S. 35 geschilderten Weise von der Geschwindigkeit abhängige Verstellwiderstände auftreten, wenn überhaupt Rückdruckkräfte in den Regler übertragen werden.

Es ist von besonderer Bedeutung, daß trotz der in der Berechnung gemachten vereinfachenden Annahmen die aus den aufgestellten Gleichungen abgeleiteten Ausdrücke für den Grenzwert des Ungleichförmigkeitsgrades δ_g und die Schwingungsdauer T_p richtig angeben, in welcher Weise die für den Regler charakteristischen Größen diese für den Regelvorgang bestimmenden Faktoren beeinflussen. Daß dies der Fall ist, geht aus der Übereinstimmung der mitgeteilten berechneten und wirklichen Kurven der Reglerbewegung für 8 Versuche an 4 verschiedenen Reglertypen hervor, innerhalb deren die für die Regelung charakteristischen Größen in den weitesten Grenzen verschieden sind.

Die Anlaufzeit der Maschine T liegt zwischen			35 sek	und	2,3 sek
Die mittlere Fliehkraft C_m	„	„	656 kg	„	93,4 kg
Das Verhältnis $K = \frac{\text{Verstellkraft}}{\text{Reglergeschwindigkeit}}$	„	„	$23\,\frac{\text{kg}}{\text{cm/sek}}$	„	$1{,}2\,\frac{\text{kg}}{\text{cm/sek}}$
Der Reglerausschlag a	„	„	2,4 cm	„	6 cm
Die mittlere Umdrehungszahl in der Minute n_m	„	„	117 Umdr/min	und	224 Umdr/min
Der Ungleichförmigkeitsgrad durch Fliehkraft δ_r	„	„	+ 14,5 vH.	und	— 2,0 vH.
Der Ungleichförmigkeitsgrad durch Trägheitskraft δ_b	„	„	+ 4,1 „	„	— 0,08 „

In welcher Weise die Reglerbewegung mit dem Ungleichförmigkeitsgrad sich ändert, zeigt Abb. 78, in der die Reglerbewegung des Jahnsreglers bei Ungleichförmigkeitsgraden von 0, 4,55 (entsprechend Versuch Abb. 61), 10, 15 und 20 vH. dargestellt ist. Der Grenzwert δ_g des Ungleichförmigkeitsgrades liegt, wie S. 68 berechnet, bei 15 vH. Die aufgezeichneten Kurven entsprechen folgenden Gleichungen:

$$\delta = 0 \qquad z = 2{,}8 \cos 0{,}67\,t - 0{,}094 \sin 0{,}67\,t,$$
$$\delta = 4{,}55 \qquad z = [2{,}8 \cos 0{,}64\,t + 0{,}794 \sin 0{,}64\,t]\, e^{-0{,}204\,t},$$
$$\delta = 10{,}0 \qquad z = [2{,}8 \cos 0{,}498\,t + 2{,}4 \sin 0{,}498\,t]\, e^{-0{,}45\,t},$$
$$\delta = 15{,}0 \qquad z = [2{,}8 + 1{,}82\,t]\, e^{-0{,}675\,t},$$
$$\delta = 20{,}0 \qquad z = 3{,}45\, e^{-0{,}3\,t} - 0{,}65 \cdot e^{-1{,}5\,t}.$$

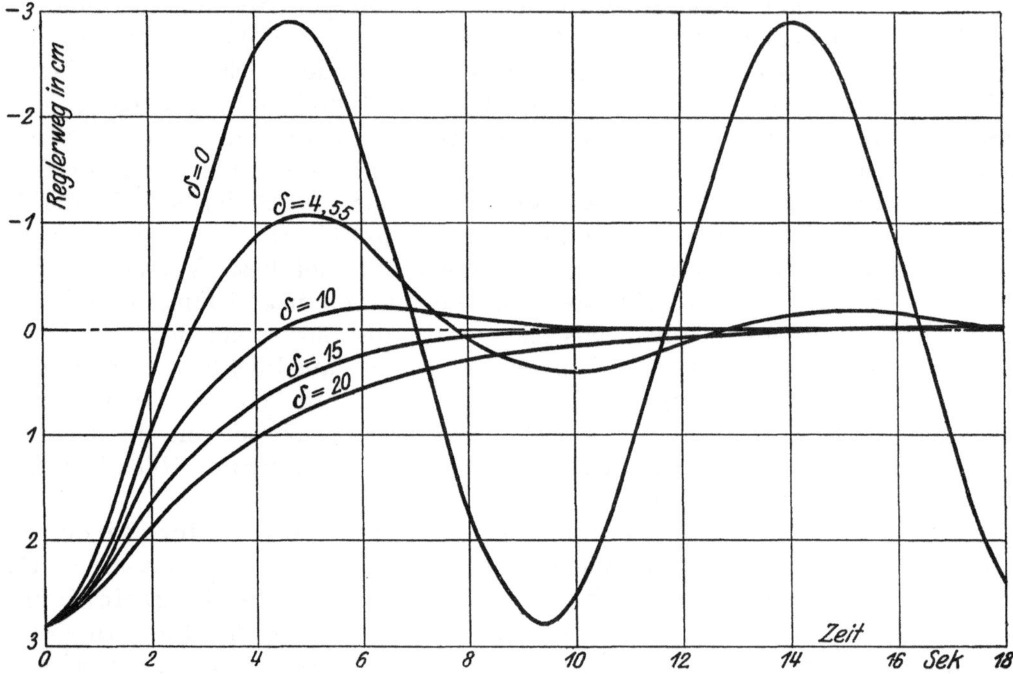

Abb. 78. Verlauf der Reglerbewegung bei verschiedenem Ungleichförmigkeitsgrad beim Jahnsregler.

d) Berechnung der Umdrehungszahlschwankung.

Den Ausgangspunkt der Berechnung der Umdrehungszahlschwankung bildet die Gleichung der Reglerbewegung z als Funktion der Zeit.

Unter der Annahme, daß die Umdrehungszahl des Beharrungszustandes im Gesamtbereich der Reglerbewegung proportional mit dem Ungleichförmigkeitsgrad zunimmt[1]), ist die der Reglerstellung zugehörige Umdrehungszahl, d. h. die Umdrehungszahl, die in dieser Stellung gerade der Fliehkraft des Beharrungszustandes entspricht,

$$n_z = n_0 \pm n_m \delta_r \frac{z}{a}, \qquad \ldots \ldots \ldots \ldots \quad (5)$$

wobei die Umlaufzahl n_0 der Stellung $z = 0$ in Abb. 68 entspricht. Das positive Vorzeichen gilt für Belastung, das negative für Entlastung.

Die wirkliche Umdrehungszahl n_t ist größer oder kleiner wie n_z infolge der zur Verstellung des Reglers erforderlichen Änderung der Fliehkraft um den Wert P_c, die eine entsprechende Änderung der Umlaufzahl bedingt. Ist die Fliehkraft des

[1]) Wird angenommen, daß die Fliehkraft sich linear mit der Reglerstellung ändert, so ist die Umdrehungszahlkurve eine Parabel. Diese kann jedoch für nicht zu große Werte des Ungleichförmigkeitsgrades δ_r mit genügender Genauigkeit durch eine gerade Linie ersetzt werden.

Reglers in seiner Mittellage $C_m = m\,\omega^2 r = m\,r\left(\frac{\pi}{30}\right)^2 n_m^2$, so ist die zur Verstellung verfügbare Änderung der Fliehkraft in dieser Lage

$$\Delta C_m = 2\,m\,r\left(\frac{\pi}{30}\right)^2 n_m\,\Delta n$$

und

$$\Delta C_m \cdot n_m = 2\,C_m \cdot \Delta n\,.$$

Die der Fliehkraftänderung ΔC zugehörige Änderung der Umdrehungszahl in der mittleren Stellung des Reglers beträgt somit $\Delta n_m = \frac{n_m}{2\,C_m}\cdot \Delta C_m$. Diese für die Mittellage $C = C_m$ abgeleitete Beziehung gilt in der Form

$$\Delta n = \frac{n_m}{2\,C_m}\cdot \Delta C$$

auch für eine beliebige Stellung des Reglers unter der früheren Voraussetzung, daß die astatischen Linien, Abb. 68, parallel sind. Parallelität dieser Linien bedeutet ja, daß der gleichen Zunahme der Umdrehungszahl im ganzen Reglerbereich dieselbe Vergrößerung der Fliehkraft entspricht.

Die Fliehkraftänderung ΔC ist der Anteil, den die Fliehkraft an der Verstellkraft des Reglers nimmt, und wurde als solcher früher mit P_c bezeichnet. Die gesamte zur Verstellung verfügbare Kraft P entspricht dieser Verstellkraft P_c vermehrt um die von der Umlaufzahländerung unabhängige Trägheitskraft P_t. Nach früherem, S. 63, ist die gesamte Verstellkraft

$$P = (P_c + P_t) = -K\frac{dz}{dt},$$

$$P_c = -K\frac{dz}{dt} - P_t$$

mit

$$P_t = 2\,\delta_b\,z\,\frac{C_m}{a}.$$

Die Fliehkraftänderung, welche eine Änderung der Umdrehungszahl hervorruft, ist also

$$-P_c = K\frac{dz}{dt} + 2\,\delta_b\,z\,\frac{C_m}{a} \quad \text{(6)}$$

und die zugehörige Änderung der Umdrehungszahl

$$-\Delta n = \frac{n_m}{2\,C_m}\left(K\frac{dz}{dt} + 2\,\delta_b\,z\,\frac{C_m}{a}\right). \quad \text{(7)}$$

Die wirkliche Umdrehungszahl n_t des Reglers ergibt sich als Summe der Umdrehungszahl n_z des Beharrungszustandes und dieser Änderung der Umlaufzahl Δn zu:

$$n_t = n_z \mp \Delta n\,,$$

$$n_t = n_0 \pm n_m\,\delta_r\cdot\frac{z}{a} \pm \frac{n_m}{2\,C_m}\left(K\frac{dz}{dt} + 2\,\delta_b\,z\,\frac{C_m}{a}\right), \quad \text{(8)}$$

wobei die oberen Vorzeichen für Belastung, die unteren für Entlastung gelten.

Die Berechnung der Umdrehungszahl erfolgt nun in der Weise, daß für die Reglerbewegung z und die Reglergeschwindigkeit $\frac{dz}{dt}$ die in Abschn. 7a ermittelten Ausdrücke eingesetzt werden, wobei wiederum die beiden Fälle der schwach gedämpften Schwingung ($\beta < \alpha$) und der aperiodischen Bewegung ($\beta > \alpha$) mit dem Grenzfalle ($\beta = \alpha$) zu unterscheiden sind.

1. $\beta < \alpha$, schwache Dämpfung.

Mit Einsetzung der Werte für z und $\frac{dz}{dt}$ (S. 64, Gl. I) in Gl. (7) ergibt sich die Änderung der Umdrehungszahl:

$$-\Delta n = n_m \cdot e^{-\beta t}\Big[-\frac{\beta}{2} z_0 \frac{K}{C_m} \cdot \cos\gamma t - \frac{\beta}{2\gamma}(v_0 + \beta z_0)\frac{K}{C_m}\sin\gamma t - \frac{\gamma}{2} z_0 \frac{K}{C_m}\sin\gamma t$$
$$+\frac{1}{2}(v_0+\beta z_0)\frac{K}{C_m}\cos\gamma t + \delta_b \frac{z_0}{a}\cos\gamma t + \frac{\delta_b}{\gamma a}(v_0+\beta z_0)\sin\gamma t\Big],$$
$$= n_m \cdot e^{-\beta t}\Big[\frac{1}{2C_m a}[-\beta z_0 K a + (v_0+\beta z_0) K a + 2\delta_b z_0 C_m]\cos\gamma t$$
$$+\frac{1}{2\gamma C_m a}[-\beta(v_0+\beta z_0) K a - \gamma^2 z_0 K a + 2\delta_b (v_0+\beta z_0) C_m]\sin\gamma t\Big]. \quad (9)$$

Werden hierin die Konstanten von $\cos\gamma t$ bzw. $\sin\gamma t$ mit A und B bezeichnet, so ist

$$A = \frac{1}{2C_m a}(-\beta z_0 K a - 2\delta_b z_0 C_m + \beta z_0 K a + 2\delta_b z_0 C_m) = 0, \quad \text{da} \quad v_0 = -2\delta_b z_0 \frac{C_m}{K a},$$
$$B = \frac{1}{2\gamma C_m a}[(v_0+\beta z_0)(2\delta_b C_m - \beta K a) - \gamma^2 z_0 K a].$$

Hierin ist

$$2\delta_b C_m - \beta K a = 2\delta_b C_m - (\delta_r + \delta_b) C_m = -(\delta_r - \delta_b) C_m,$$
$$v_0 + \beta z_0 = (\delta_r - \delta_b) z_0 \cdot \frac{C_m}{K a}$$

und das Produkt

$$(2\delta_b C_m - \beta K a)(v_0 + \beta z_0) = -(\delta_r - \delta_b)^2 z_0 \frac{C_m^2}{K a}.$$
$$B = \frac{1}{\gamma}\left[-(\delta_r - \delta_b)^2 \cdot z_0 \frac{C_m}{2K a^2} - \gamma^2 z_0 \frac{K}{2C_m}\right],$$
$$\gamma^2 = \alpha^2 - \beta^2; \quad \alpha^2 = \frac{2}{T}\frac{C_m}{K a}; \quad \beta^2 = (\delta_r + \delta_b)^2 \frac{C_m^2}{K^2 a^2}.$$
$$B = -\frac{1}{\gamma}\left[(\delta_r - \delta_b)^2 z_0 \frac{C_m}{2K a^2} - (\delta_r + \delta_b)^2 z_0 \frac{C_m}{2K a^2} + \frac{1}{T}\frac{z_0}{a}\right] = -\frac{1}{\gamma}\left[-\delta_r \delta_b \cdot z_0 \frac{2C_m}{K a^2} + \frac{1}{T}\frac{z_0}{a}\right].$$

Mit Einsetzung dieser Werte in die Gl. (9) für Δn wird diese

$$-\Delta n = -\frac{n_m}{\gamma a} e^{-\beta t}\left[-\delta_r \delta_b \cdot z_0 \frac{2C_m}{K a} + \frac{z_0}{T}\right]\sin\gamma t$$

oder mit

$$v_0 = -\delta_b z_0 \cdot \frac{2C_m}{K a},$$
$$+\Delta n = +\frac{n_m}{\gamma a} e^{-\beta t}\left[\delta_r v_0 + \frac{z_0}{T}\right]\sin\gamma t.$$

Mit Einsetzung des Wertes Δn in die Gl. (8) der Umdrehungszahl

$$n_t = n_z \mp \Delta n = n_0 \pm \frac{n_m}{a}\delta_r e^{-\beta t}\left[z_0\cos\gamma t + \frac{1}{\gamma}(v_0 + \beta z_0)\sin\gamma t\right] \mp \Delta n$$

wird

$$n_t = n_0 \pm \frac{n_m}{a}\delta_r e^{-\beta t}\left[z_0 \cos\gamma t + \left(\frac{1}{\gamma}(v_0 + \beta z_0 - v_0) - \frac{z_0}{\gamma\delta_r T}\right)\sin\gamma t\right],$$
$$n_t = n_0 \pm \frac{z_0}{a}\delta_r n_m e^{-\beta t}\left[\cos\gamma t + \left(\frac{\beta}{\gamma} - \frac{1}{\gamma\delta_r T}\right)\sin\gamma t\right] \quad \ldots\ldots\ldots \quad (IV)$$

$+$ für Belastung, $-$ für Entlastung.

2. **Für $\beta > \alpha$, starke Dämpfung (aperiodische Reglerbewegung)** ist in Gl. (6)

$$-P_c = K\frac{dz}{dt} + 2\,\delta_b\,z\frac{C_m}{a} = +K\left(\frac{dz}{dt} - \frac{v_0}{z_0}\,z\right)$$

der für $\beta > \alpha$ berechnete Ausdruck der Reglerbewegung z und der Reglergeschwindigkeit $\frac{dz}{dt}$ (Gl. III, S. 66) einzusetzen, wobei sich ergibt:

$$-P_c = K\left[A\,c\,e^{ct} - B\,d\,e^{dt} - \frac{v_0}{z_0}\,A\,e^{ct} + \frac{v_0}{z_0}\,B\,e^{dt}\right]$$

mit den Konstanten

$$A = \frac{1}{2\gamma}\left[v_0 + (\beta+\gamma)\,z_0\right] = \frac{1}{2\gamma}\left[-\delta_b\,z_0\,\frac{2\,C_m}{K\,a} + (\delta_r + \delta_b)\,z_0\,\frac{C_m}{K\,a} + \gamma\,z_0\right] = \frac{z_0}{2\gamma}\left((\delta_r - \delta_b)\,\frac{C_m}{K\,a} + \gamma\right).$$

$$B = \frac{1}{2\gamma}\left[v_0 + (\beta - \gamma)\,z_0\right] = \frac{z_0}{2\gamma}\left[(\delta_r - \delta_b)\,\frac{C_m}{K\,a} - \gamma\right].$$

$$c = (-\beta + \gamma).$$

$$d = (-\beta - \gamma).$$

Mit

$$\Delta n = \frac{n_m}{2\,C_m}\cdot P_c,\quad n_z = n_0 \pm \frac{n_m}{a}\,z\,\delta_r,\quad \text{und}\quad n_t = n_z \mp \Delta n$$

wird

$$n_t = n_0 \pm \left[\frac{n_m}{a}\,\delta_r\,(A\,e^{ct} - B\,e^{dt})\right] \pm n_m\,\frac{K}{2\,C_m}\left[\left(A\,c - A\,\frac{v_0}{z_0}\right)e^{ct} - \left(Bd - B\,\frac{v_0}{z_0}\right)e^{dt}\right].$$

$$A\left(c - \frac{v_0}{Z_0}\right) = A\left(-\beta + \gamma - \frac{v_0}{z_0}\right) = A\left(-(\delta_r - \delta_b)\,\frac{C_m}{K\,a} + \gamma\right) = \frac{z_0}{2\gamma}\left[\gamma^2 - (\delta_r - \delta_b)^2\left(\frac{C_m}{K\,a}\right)^2\right].$$

Mit $\gamma^2 = \beta^2 - \alpha^2$ wird

$$A\left(c - \frac{v_0}{z_0}\right) = \frac{z_0}{2\gamma}\left[(\delta_r + \delta_b)^2\cdot\left(\frac{C_m}{K\,a}\right)^2 - (\delta_r - \delta_b)^2\left(\frac{C_m}{K\,a}\right)^2 - \frac{2}{T}\cdot\frac{C_m}{K\,a}\right]$$

$$A\left(c - \frac{v_0}{z_0}\right)\cdot n_m\cdot\frac{K}{2\,C_m} = \frac{z_0}{2\gamma}\,n_m\left[\delta_r\,\delta_b\,\frac{2\,C_m}{K\,a^2} - \frac{1}{T\,a}\right].$$

$$A\,\frac{\delta_r}{a}\,n_m = \frac{z_0}{2\gamma}\,n_m\left[(\delta_r^2 - \delta_r\,\delta_b)\frac{C_m}{K\,a^2} + \frac{\gamma\,\delta_r}{a}\right].$$

$$A\left(c - \frac{v_0}{z_0}\right)n_m\,\frac{K}{2\,C_m} + A\,\delta_r\,\frac{n_m}{a} = \frac{z_0}{2\gamma}\,n_m\left[\delta_r\,(\delta_r + \delta_b)\,\frac{C_m}{K\,a^2} + \frac{\gamma}{a}\,\delta_r - \frac{1}{T\,a}\right]$$

$$= \delta_r\,\frac{n_m}{2\gamma}\,\frac{z_0}{a}\left(\beta + \gamma - \frac{1}{\delta_r\,T}\right).$$

$$B\left(d - \frac{v_0}{z_0}\right) = B\left(-\beta - \gamma - \frac{v_0}{z_0}\right) = -B\left[(\delta_r - \delta_b)\,\frac{C_m}{K\,a} + \gamma\right]$$

$$= -\frac{z_0}{2\gamma}\left[(\delta_r - \delta_b)^2\left(\frac{C_m}{K\,a}\right)^2 - (\delta_r + \delta_b)^2\left(\frac{C_m}{K\,a}\right)^2 + \frac{2}{T}\,\frac{C_m}{K\,a}\right].$$

$$B\left(d - \frac{v_0}{z_0}\right)n_m\cdot\frac{K}{2\,C_m} = \frac{z_0}{2\gamma}\,n_m\left[\delta_r\,\delta_b\,\frac{2\,C_m}{K\,a^2} - \frac{1}{T\,a}\right],$$

$$B\cdot\frac{\delta_r}{a}\cdot n_m = \frac{z_0}{2\gamma}\,n_m\left[(\delta_r^2 - \delta_b\,\delta_r)\,\frac{C_m}{K\,a^2} - \frac{\gamma\,\delta_r}{a}\right].$$

$$B\left(d - \frac{v_0}{z_0}\right)n_m\cdot\frac{K}{2\,C_m} + B\cdot\frac{\delta_r}{a}\,n_m = \frac{n_m}{2\gamma}\cdot\frac{z_0}{a}\left[\delta_r\,(\delta_r + \delta_b)\cdot\frac{C_m}{K\,a} - \gamma\,\delta_r - \frac{1}{T}\right]$$

$$= \delta_r\,\frac{n_m}{2\gamma}\,\frac{z_0}{a}\left[\beta - \gamma - \frac{1}{\delta_r\,T}\right].$$

Mit Einsetzung dieser Werte ergibt sich die Gleichung der Umdrehungszahl für $\beta > \alpha$ zu

$$n_t = n_0 \pm \frac{n_m}{2\gamma} \cdot \frac{z_0}{a} \delta_r \left[\left(\beta + \gamma - \frac{1}{\delta_r T}\right) e^{(-\beta+\gamma)t} - \left(\beta - \gamma - \frac{1}{\delta_r T}\right) e^{(-\beta-\gamma)t} \right] \quad . \quad . \quad (\text{V})$$

Zur Kennzeichnung des durch die Gl. (IV) und (V) dargestellten Kurvenverlaufs für $\beta < \alpha$ und $\beta > \alpha$ sind in Abb. 79 für ein bestimmtes Beispiel die Um-

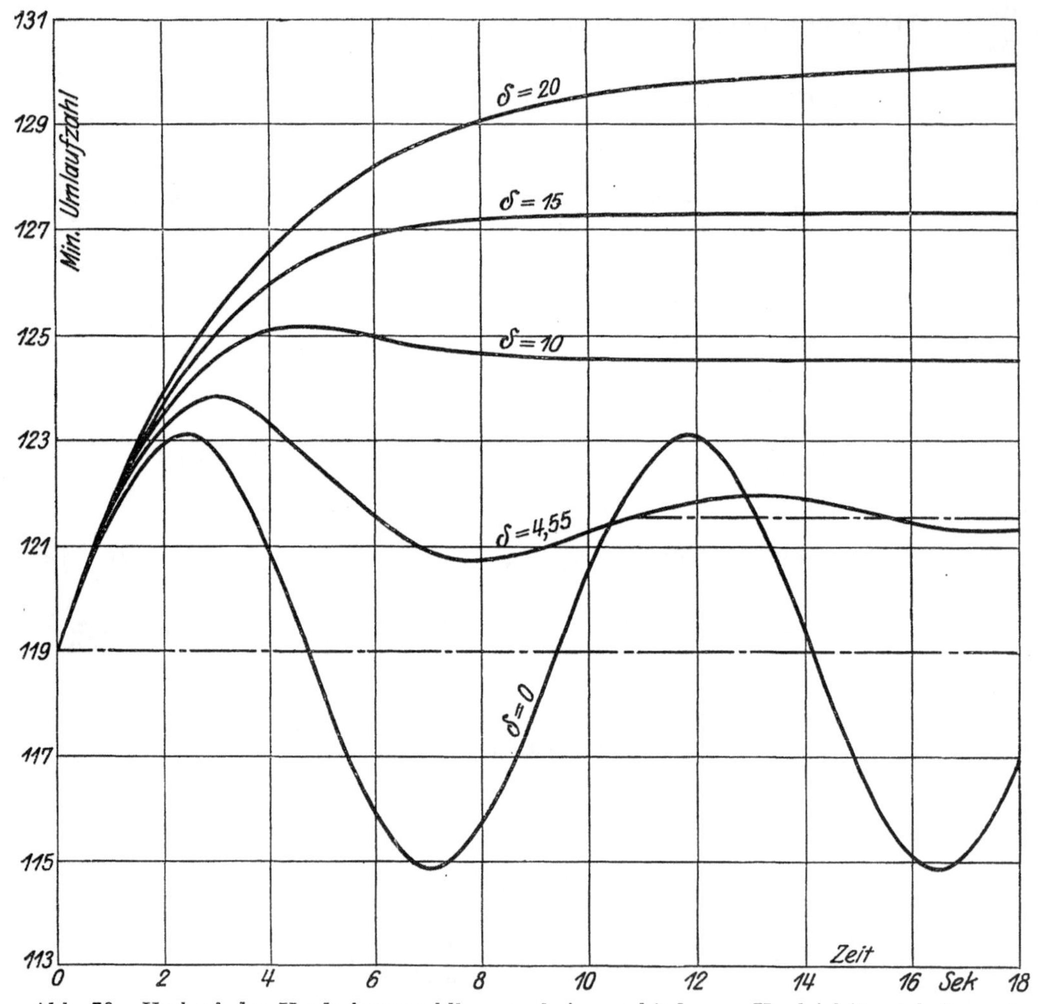

Abb. 79. Verlauf der Umdrehungszahlkurven bei verschiedenem Ungleichförmigkeitsgrad beim Jahnsregler.

drehungszahlkurven für die in Abb. 78 dargestellte Reglerbewegung aufgezeichnet. Die Kurven entsprechen folgenden Gleichungen:

$$\delta = 0 \qquad n_t = n_0 - 4{,}14 \sin 0{,}67\, t\,.$$

$$\delta = 2{,}9 \qquad n_t = n_0 + e^{-0{,}1305\, t} [1{,}61 \cos 0{,}657\, t - 3{,}9 \sin 0{,}657\, t]\,.$$

$$\delta = 4{,}55 \quad n_t = n_0 + e^{-0{,}204\, t} [2{,}52 \cos 0{,}64\, t - 3{,}53 \sin 0{,}64\, t]\,.$$

$$\delta = 10{,}0 \quad n_t = n_0 + e^{-0{,}45\, t} [5{,}55 \cos 0{;}498\, t - 0{,}558 \sin 0{,}498\, t]\,.$$

$$\delta = 15{,}0 \quad n_t = n_0 + 24{,}2\, e^{-0{,}604\, t} - 15{,}9\, e^{-0{,}746\, t}\,.$$

$$\delta = 20{,}0 \quad n_t = n_0 + 11{,}55\, e^{-0{,}3\, t} - 0{,}463\, e^{-1{,}5\, t}\,.$$

15 vH. entspricht nahezu dem Grenzwert $\beta = \alpha$, bei dem die Reglerbewegung von der pendelnden in aperiodische Bewegung übergeht. In dem gewählten Beispiele ist die Trägheitswirkung der Reglermassen gering ($\delta_b = 0{,}25$ vH.), so daß die Kurven annähernd den Verhältnissen des reinen Fliehkraftreglers entsprechen.

e) Die Bedeutung des Grenzwertes δ_g des Ungleichförmigkeitsgrades für die Regelung.

Wird der Grenzwert, bei dem die schwingende Bewegung in eine aperiodische Bewegung übergeht, mit δ_g bezeichnet, so ist nach S. 66

$$\delta_g = \sqrt{\frac{2}{T}\frac{K a}{C_m}}.$$

Wird für den reinen Fliehkraftregler ohne Trägheitswirkung ($\delta_b = 0$) der durch die Fliehkraft bedingte Ungleichförmigkeitsgrad δ_r gleich einem gewissen Vielfachen oder Bruchteil des Grenzwertes δ_g gesetzt:

$$\delta_r = x\,\delta_g = x\sqrt{\frac{2}{T}\frac{K a}{C_m}},$$

so ergibt sich

$$\beta = \delta_r \frac{C_m}{K a} = x\sqrt{\frac{2}{T}\frac{C_m}{K a}} = x\cdot\alpha,$$

für $\beta < \alpha$
$$\gamma = \sqrt{\alpha^2 - \beta^2} = \alpha\sqrt{1 - x^2}.$$

$$\frac{\beta}{\gamma} z_0 = \frac{\alpha x}{\alpha\sqrt{1-x^2}} = \frac{x}{\sqrt{1-x^2}}.$$

Werden diese Ausdrücke in Gl. (I) für die Reglerbewegung ($\beta < \alpha$) eingesetzt, so ergibt sich

$$z = z_0\, e^{-x\alpha t}\left[\cos(\alpha\sqrt{1-x^2})\,t + \frac{x}{\sqrt{1-x^2}}\sin(\alpha\sqrt{1-x^2})\,t\right].$$

Wird angenommen, daß für zwei Regler mit verschiedenen Grenzwerten δ_g die Belastungsänderung z_0 und das Verhältnis x des wirklichen Ungleichförmigkeitsgrades δ_r zum Grenzwerte δ_g die gleichen sind, so bleiben für diese beiden Regler die Konstanten für Sinus und Cosinus in dem Klammerausdruck unverändert, wenn δ_g sich ändert, α dagegen verändert sich mit dem Grenzwerte, doch so, daß für Zeitintervalle $t_1 = \frac{1}{\alpha}$, $t_2 = \frac{2}{\alpha}$ usw. stets die gleichen Werte von z auftreten, nämlich

$$\text{für } t_1 = \frac{1}{\alpha} \quad z_1 = z_0\, e^{-x}\left[\cos\sqrt{1-x^2} + \frac{x}{\sqrt{1-x^2}}\sin\sqrt{1-x^2}\right],$$

$$\text{für } t_2 = \frac{2}{\alpha} \quad z_2 = z_0\, e^{-2x}\left[\cos 2\sqrt{1-x^2} + \frac{x}{\sqrt{1-x^2}}\sin 2\sqrt{1-x^2}\right].$$

Zu einem bestimmten Werte x gehört also stets dieselbe Kurve, nur der Zeitmaßstab ist übereinstimmend mit $\frac{1}{\alpha}$ = einer Zeiteinheit, und der Maßstab des Reglerwegs z übereinstimmend mit z_0 zu ändern.

Wird der Ausdruck $\delta_r = x\,\delta_g$ in die Gleichung für die Umdrehungszahl

$$n_t = n_0 \pm \frac{z_0}{a} n_m \delta_r e^{-\beta t}\left[\cos\gamma t + \left(\frac{\beta}{\gamma} - \frac{1}{\gamma\delta_r T}\right)\sin\gamma t\right]$$

eingesetzt, so geht diese über in die Form

$$n_t = n_0 \pm \frac{z_0}{a} n_m \delta_r e^{-\alpha x t}\left[\cos(\alpha\sqrt{1-x^2}) + \left(\frac{x}{\sqrt{1-x^2}} - \frac{1}{2x\sqrt{1-x^2}}\right)\sin(\alpha\sqrt{1-x^2})\,t\right],$$

indem

$$\frac{1}{\gamma\delta_r T} = \frac{1}{x\alpha\sqrt{1-x^2}\,T\sqrt{\frac{2}{T}\frac{K a}{C_m}}} = \frac{1}{2x\sqrt{1-x^2}} \quad \text{mit } \alpha = \sqrt{\frac{2}{T}\frac{C_m}{K a}}.$$

Die Gleichung der Umlaufzahl bleibt ebenfalls dieselbe für gleiche Werte von x, wenn der Zeitmaßstab übereinstimmend mit $\frac{1}{\alpha} = \text{konstant}$ und der Maßstab der Umdrehungszahl mit

$$n_m\,\delta_r\,\frac{z_0}{\alpha} = \text{konstant}$$

gewählt wird.

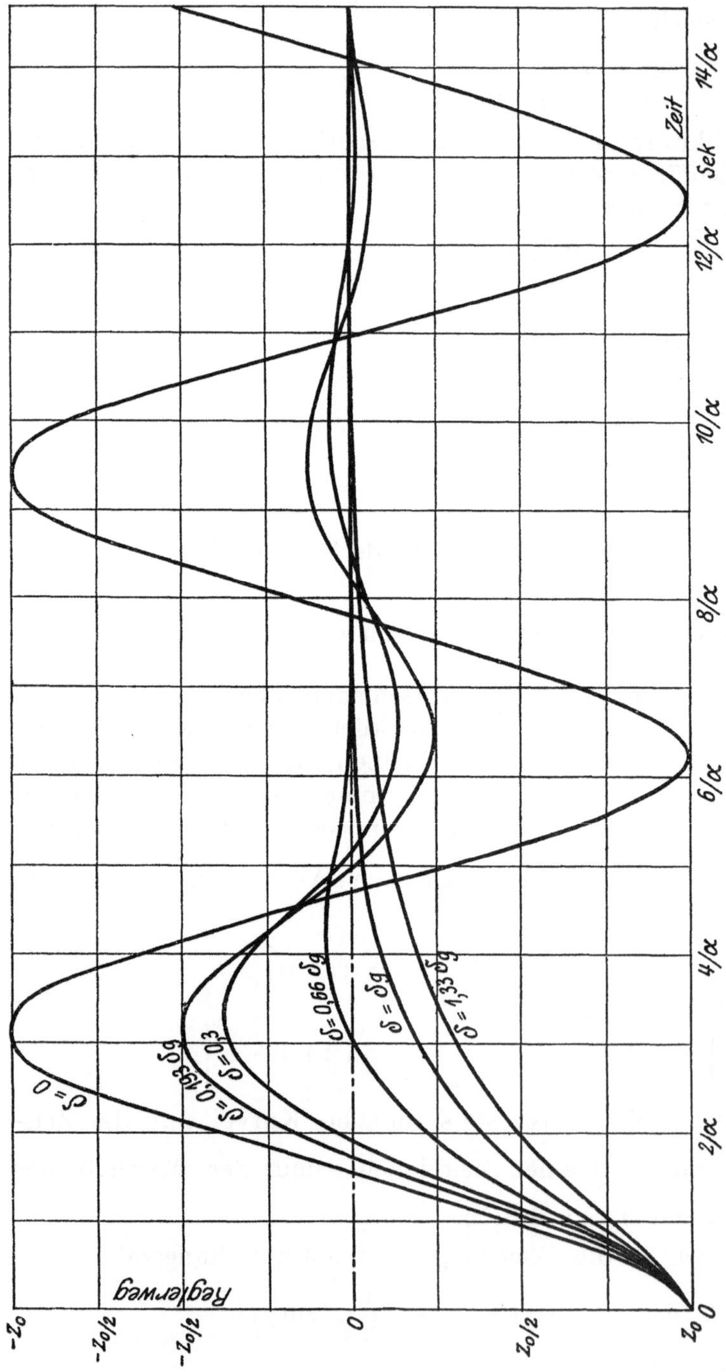

Abb. 80. Allgemeines Diagramm der Reglerbewegung von Fliehkraftreglern für Ungleichförmigkeitsgrade $\delta = x\delta_g$.

Die für einen bestimmten Regler und eine bestimmte Belastungsänderung bei $\delta_b = 0$ berechneten Kurven der Reglerbewegung und der Umdrehungszahl gelten somit ohne weiteres für einen beliebigen Regler ohne Trägheitswirkung, wenn nur δ_r statt in den wirklichen Zahlenwerten in Teilen des Grenzwertes δ_g angegeben wird, und wenn der Ordinatmaßstab des Reglerwegs übereinstimmend mit z_0, der Maßstab für die Umdrehungszahl übereinstimmend mit

$$n_m\,\delta_r\,\frac{z_0}{a} \text{ verändert wird.}$$

Der Zeitmaßstab ist anzugeben in

$$t = \frac{1}{\alpha},\ \frac{2}{\alpha},\ \frac{3}{\alpha} \text{ usw.}$$

Abb. 80 und 81 zeigen solche allgemeingültigen Kurven.

Ist für einen reinen Fliehkraft-Regler der Grenzwert δ_g des Ungleichförmigkeitsgrades ermittelt, so kennzeichnen Abb. 80 und 81 den Verlauf der Reglerbewegung und der Umdrehungszahl für denjenigen Ungleichförmigkeitsgrad $\delta_r = x\delta_g$, der für die Ausführung gewählt wird.

Es geht hieraus hervor, welche außerordentliche Bedeutung dem Grenzwerte $\delta_g = \sqrt{\frac{2}{T}\frac{Ka}{C_m}}$ zukommt, nicht nur betreffs des Regelverlaufs für eine bestimmte gewählte Größe von δ_r mit zugehörigem $x = \delta_r/\delta_g$, sondern auch hinsichtlich der

Beurteilung der Veränderungen, die am Regler vorzunehmen sind, um mit gleichbleibendem δ_r eine bessere Regelung zu erzielen, d. h. durch Verminderung von δ_g x zu vergrößern und δ_r mehr dem Grenzwerte zu nähern.

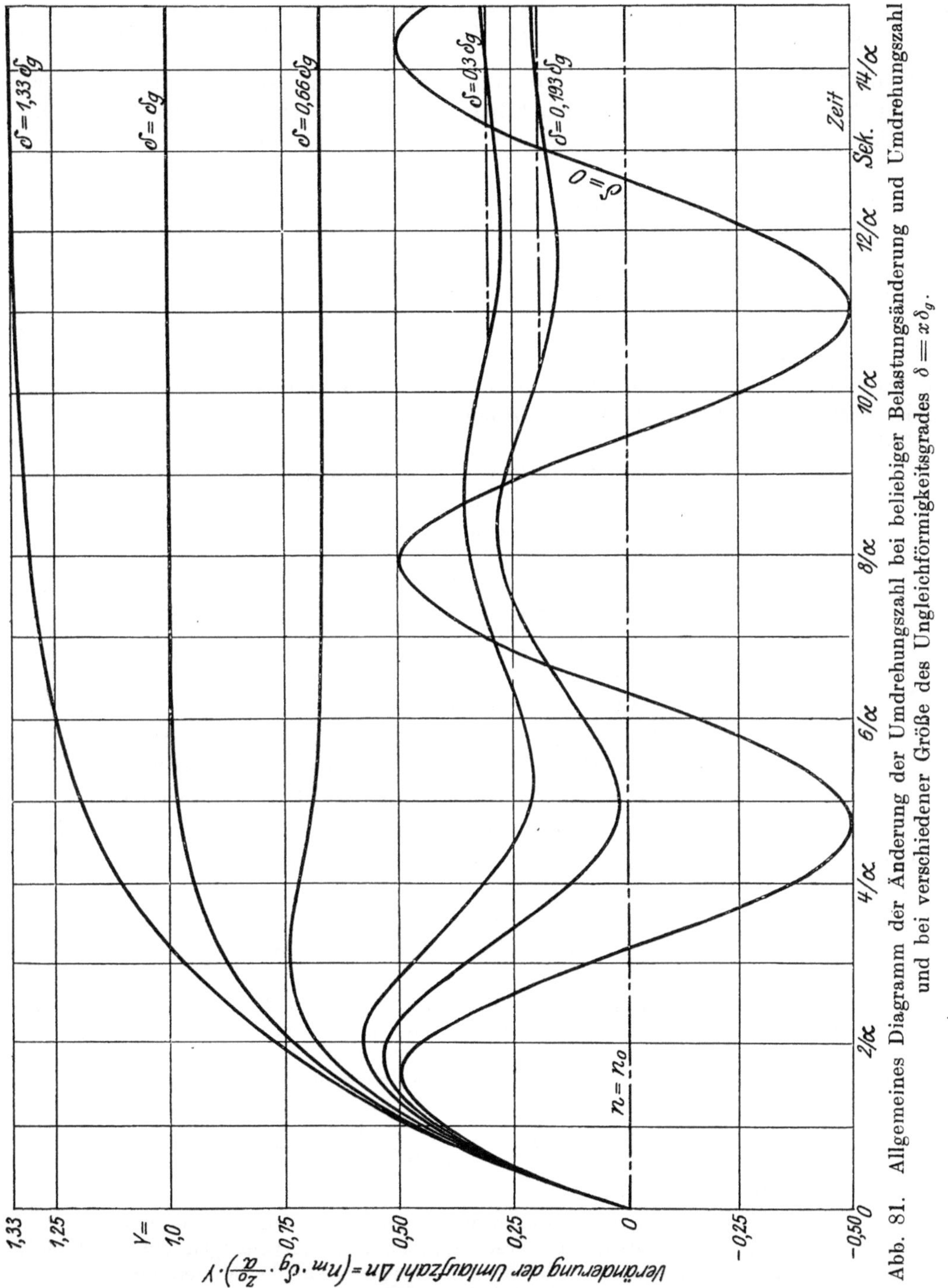

Abb. 81. Allgemeines Diagramm der Änderung der Umdrehungszahl bei beliebiger Belastungsänderung und Umdrehungszahl und bei verschiedener Größe des Ungleichförmigkeitsgrades $\delta = x\,\delta_g$.

Von den Größen, die den Grenzwert bestimmen, ist T, die Anlaufzeit der Maschine, durch die Kraftmaschine (und Belastungsmaschinerie) gegeben, und kann in der Regel nicht verändert werden, die Größen K, a und C_m dagegen sind für den Regler charakteristisch und müssen so gewählt werden, daß sie in ihrem Zusammenwirken die günstigsten Betriebsverhältnisse liefern. Diese drei Größen sind in einem gewissen

Grade voneinander abhängig, können also nicht ganz frei gewählt werden. Aus Abschnitt 6, S. 61, ging bei Behandlung des Arbeitsvermögens des Reglers hervor, daß bei einem bestimmten radiellen Reglerausschlag a eine Vergrößerung von C_m (durch Vergrößerung der Reglermasse) die verhältnisgleiche Zunahme von K bedingt, daß also $\frac{K}{C_m}$ konstant war. Es lohnte sich daher nicht, die Masse des Reglers größer auszuführen wie den Wert, der das Arbeitsvermögen des Reglers $C_m \cdot a$ gerade so groß machte, daß die durch die Rückdruckkräfte hervorgerufenen Pendelungen ausschließlich durch Massendämpfung auf ein zulässiges Maß beschränkt wurden[1]). Das Arbeitsvermögen des Reglers kann daher als unveränderlich angenommen werden, gegeben durch die Rückdruckkräfte der Steuerung.

Im gleichen Abschnitte ist unter d gezeigt, daß bei gleichbleibendem Arbeitsvermögen des Reglers K konstant ist, gleichgültig wie das Arbeitsvermögen auf die beiden Faktoren C_m und a verteilt wird.

Eine Verkleinerung von a bewirkt somit zusammen mit der dadurch bedingten Vergrößerung von C_m eine Verkleinerung des Grenzwertes δ_g, und zwar wird δ_g um so kleiner, ein je größerer Teil des Arbeitsvermögens in C_m und je weniger in den Ausschlag a gelegt wird.

Mit

$$C_m \cdot a = \text{konst.}; \quad a = \text{konst.}/C_m$$

wird

$$\delta_g = \frac{\text{konst.}}{C_m} \sqrt{\frac{2}{T} K}.$$

δ_g ist also bei gleichbleibendem Arbeitsvermögen umgekehrt proportional C_m und damit der Masse des Reglers, bzw. — wenn $C_m = \text{konst.}/a$ gesetzt wird — direkt proportional dem Ausschlag a.

Es zeigt sich also, daß bei einem bestimmten Arbeitsvermögen um so günstigere Verhältnisse für den Regelvorgang (kleineres δ_g) erzielt werden, je kleiner der radielle Ausschlag der Reglergewichte im Verhältnis zu der erforderlichen Exzenterverstellung ausgeführt wird.

Bei gleichbleibendem Werte C_m und a variiert K angenähert proportional mit der Innenreibung R, so daß δ_g auch annähernd proportional $\sqrt{R}$ gesetzt werden kann[2]).

Die Ermittlung von K hat von der Aufzeichnung der pendelnden Rückdruckkräfte als Funktion der Zeit für Mittellage des Reglers auszugehen, die bereits zur

---

[1]) Anders liegen die Verhältnisse bei Muffenreglern, bei denen die Umdrehungszahl verschieden von der Maschine gewählt werden kann, indem hier eine Vergrößerung von C_m durch Erhöhung der Umdrehungszahl (bei gleichbleibender Reglermasse) ohne gleichzeitige Zunahme von K eine Verkleinerung von δ_g herbeiführt. δ_g verändert sich proportional mit

$$\sqrt{1/C_m} = \frac{1}{n_m} \sqrt{\frac{1}{m \left(\frac{\pi}{30}\right)^2 r_m}} = \text{konst.}\ \frac{1}{n_m},$$

d. h. umgekehrt proportional mit n_m.

[2]) Werden die Kraftwirkungen im Regler nicht auf die radielle Schwerpunktsverschiebung a (oder einen andern mit dem Reglergewicht fest verbundenen Punkt) bezogen, sondern beispielsweise auf die Abwicklung der Verstellkurve (oder bei Muffenreglern auf den Muffenhub), so sind im Ausdrucke für das Arbeitsvermögen $C_m a = C_m' \cdot b$ bei gleichbleibendem Arbeitsvermögen auch die beiden Faktoren b und C_m' konstant, insofern b durch die äußere Steuerung festliegt. Es ist somit bei Bezugnahme auf die Verstellkurve und bei unverändertem Arbeitsvermögen δ_g nur abhängig von $\sqrt{K'}$, wenn mit K' der auf die Verstellkurve bezogene Wert von K bezeichnet wird. Der günstige Einfluß einer Verkleinerung des Ausschlages der Reglergewichte äußert sich dann bei gleichbleibender Innenreibung darin, daß K' infolge Verminderung der Bezugsgröße R' annähernd proportional mit R' abnimmt.

Bestimmung des Arbeitsvermögens des Reglers (Abschnitt 6) erforderlich war. Unter Annahme der Innenreibung R wird sodann in der aus Abb. 26 ersichtlichen Weise aus den Kurven der Rückdruckkräfte die Bewegung abgeleitet, die der Regler unter dem Einfluß einer Kraft P in der einen oder anderen Richtung erlangt, d. h. mit anderen Worten: die Geschwindigkeit, welche dieser Kraft P für die Bewegung in beiden Richtungen entspricht. Die Kraft P muß möglichst der größten Verstellkraft entsprechen, die bei normaler Belastungsänderung oder bei der ungünstigsten Belastungsänderung von 50 vH. auftritt. Nun ist $K = \frac{\text{Kraft}}{\text{Geschwindigkeit}}$ und der Mittelwert aus den beiden auf diese Weise gefundenen K-Werten gibt einen Anhalt über den K-Wert, der in die Berechnung einzuführen ist[1]).

f) Die größte Schwankung der Umdrehungszahl beim reinen Fliehkraftregler.

Die größte auftretende Veränderung der Umdrehungzahl ist für Werte $\delta_r > \delta_g$ unmittelbar durch den Ungleichförmigkeitsgrad selbst gegeben. Für $\delta_r < \delta_g$ berechnet sie sich als größter Unterschied der Schwingungsausschläge, und entspricht, wie Abb. 81 zeigt, entweder dem Unterschiede des ersten Maximalwertes des Ausschlages von der ursprünglichen Umdrehungszahl oder dem Abstande dieses Maximums von dem unmittelbar darauffolgenden Minimumwert.

Die Kurve

$$n_t = n_0 \pm n_m \delta_r \frac{z_0}{a} e^{-\beta t}\left[\cos\gamma t + \overbrace{\left(\frac{\beta}{\gamma} - \frac{1}{\gamma\delta_r T}\right)}^{A} \sin\gamma t\right]$$

erreicht ihr Maximum für $\frac{dn_t}{dt} = 0$.

$$\frac{dn_t}{dt} = -\beta e^{-\beta t}[\cos\gamma t + A\sin\gamma t] + e^{-\beta t}[-\gamma\sin\gamma t + \gamma A\cos\gamma t] = 0$$

$$(A\gamma - \beta)\cos\gamma t - (A\beta + \gamma)\sin\gamma t = 0 \qquad \operatorname{tg}\gamma t = \frac{A\gamma - \beta}{A\beta + \gamma}$$

$$A\gamma - \beta = \beta - \frac{1}{\delta_r T} - \beta = -\frac{1}{\delta_r \cdot T}.$$

Mit $\beta = (\delta_r + \delta_b)\frac{C_m}{Ka}$ und $\alpha^2 = \frac{2}{T}\frac{C_m}{Ka}$ wird

$$A\beta + \gamma = \frac{\beta^2}{\gamma} - \frac{\beta}{\gamma\delta_r T} + \gamma = \frac{1}{\gamma}\left(\beta^2 - \frac{\beta}{\delta_r T} + \gamma^2\right)$$

$$= \frac{1}{\gamma}\left(-\frac{\beta}{\delta_r T} + \alpha^2\right) = \frac{-(\delta_r + \delta_b)C_m + 2\delta_r C_m}{\gamma\delta_r T\cdot Ka}$$

$$= (\delta_r - \delta_b)\cdot\frac{1}{\gamma\delta_r T}\cdot\frac{C_m}{Ka}$$

$$\operatorname{tg}\gamma t = -\frac{\gamma}{\delta_r - \delta_b}\cdot\frac{Ka}{C_m}.$$

---

[1]) Nähert sich die bei der Belastungsänderung auftretende Verstellkraft dem Grenzwerte, bei dem die Bremskraft gesprengt wird, so kann von dem auf S. 31 erörterten Zusammenhang Gebrauch gemacht werden, daß die Hälfte des im Pendelungsdiagramm ohne Reibung auftretenden größten Geschwindigkeitsunterschiedes (Abb. 28) der mittleren Verstellgeschwindigkeit im Grenzfalle entspricht, die ihrerseits (nach S. 35) einer Kraft $P = R$ zugehört. K wird somit gleich dem Verhältnis $2R$: größter Geschwindigkeitsunterschied.

Für $(\delta_r - \delta_b) = 0 \quad \delta_r = \delta_b$ ist $\operatorname{tg} \gamma t = \infty \quad t_{\max} = \frac{T_p}{4}$ mit $T_p = \frac{2\pi}{\gamma}$

Für $(\delta_r - \delta_b) > 0 \quad \delta_r > \delta_b$ ist $\operatorname{tg} \gamma t$ negativ $t_{\max} > \frac{T_p}{4}$

Für $(\delta_r - \delta_b) < 0 \quad \delta_r < \delta_b$ ist $\operatorname{tg} \gamma t$ positiv $t_{\max} < \frac{T_p}{4}$.

Für $\delta_r = 0$ wird also für den Regler ohne Trägheitswirkung, $(\delta_b = 0)$, $t_{\max} = T_p/4$ und die größte Amplitude der Umdrehungszahlkurve Abb. 81 berechnet sich aus der Gleichung

$$\Delta n = \frac{z_0}{a} \frac{n_m}{\gamma T} \sin \gamma t$$

mit

$$\frac{T_p}{4} = \frac{\pi}{2\gamma} \quad \text{und} \quad \gamma = \alpha = \sqrt{\frac{2}{T} \frac{C_m}{K a}}$$

zu

$$\Delta n_{\max} = z_0 n_m \cdot \sqrt{\frac{1}{2T} \cdot \frac{K}{C_m a}}.$$

Der Umlaufzahlerhöhung in positiver Richtung, Abb. 81, entspricht eine gleichgroße Unterschreitung in negativer Richtung. Die gesamte größte Schwankung der Umdrehungszahl entspricht somit dem Ausdrucke

$$2\,\Delta n_{\max} = 2 z_0 n_m \cdot \sqrt{\frac{1}{2T} \cdot \frac{K}{C_m a}} = z_0 n_m \sqrt{\frac{2}{T} \cdot \frac{K}{C_m a}}.$$

Für den Grenzwert des Ungleichförmigkeitsgrades $\delta_r = \delta_g$ ist

$$\delta_g = \sqrt{\frac{2}{T} \cdot \frac{K a}{C_m}}$$

und mit einer mittleren Umdrehungszahl n_m und einer Belastungsänderung $\frac{z_0}{a}$ wird

$$\Delta n = \frac{z_0}{a} n_m \sqrt{\frac{2}{T} \frac{K a}{C_m}} = z_0 n_m \cdot \sqrt{\frac{2}{T} \frac{K}{C_m a}}.$$

Die Änderung der Umdrehungszahl im Grenzfalle $\delta_r = \delta_g$, $x = 1$ ist bei dem Regler ohne Trägheitswirkung also gleich der größten Schwankung der Umdrehungszahl für $\delta_r = 0$, $x = 0$, Abb. 81. Der Unterschied des Kurvenverlaufs für $x = 0$ und $x = 1$ liegt darin, daß der Regler bei $x = 0$ fortgesetzt zwischen den gleichen äußeren Lagen der Umdrehungszahl pendelt, ohne zur Ruhe zu kommen, während im Grenzfalle $x = 1$ der Regler unmittelbar und ohne zu pendeln von der ursprünglichen in die endliche Gleichgewichtslage übergeht.

Aus Abb. 81 geht hervor, daß zwischen $\delta_r = 0$ und $\delta_r = \delta_g$, also für $0 < x < 1$ der Unterschied zwischen der höchsten und niedrigsten Umdrehungszahl der Umlaufzahlkurve kleiner ist, als der für die Grenzlagen $x = 0$ und $x = 1$ gefundene Wert. Dieser Unterschied erreicht seinen kleinsten Wert bei demjenigen Ungleichförmigkeitsgrad $\delta_r = x\delta_g$, bei dem die Kurve der Umdrehungzahl in ihrem ersten Minimum genau den Wert der ursprünglichen Umdrehungszahl erreicht. Dies ist in Abb. 81 nahezu der Fall für die Kurve $x = 0{,}193$ (in Abb. 79 entsprechend $\delta_r = 2{,}9$ vH., bei $\delta_g = 15$ vH.). Der größte Unterschied der Umlaufzahlen beträgt für diese Kurve ca. $0{,}53 \frac{n_m z}{a} \cdot \delta_g$ und kennzeichnet den überhaupt erreichbaren Kleinstwert der Umlaufzahlschwankung. Der Regler pendelt bei diesem Ungleichförmigkeitsgrade längere Zeit, bis er zur Ruhe kommt, Abb. 81. Mit Zunahme von δ_r in dem Gebiete von 0 bis δ_g nimmt die Stabilität der Regelung dauernd zu, während die größte Umlaufzahlschwankung bis $x = 0{,}193$ abnimmt, um von da wieder zuzunehmen.

g) Der Einfluß der Trägheitswirkung auf die Schwankung der Umlaufzahl.

Zur Kennzeichnung des Einflusses der Beharrungswirkung der Reglermassen auf die Schwankungen der Umdrehungszahl wurden in Abb. 82 für ein bestimmtes Beispiel die Kurven der Umdrehungszahlen aufgezeichnet für gleichbleibende Werte des von der Fliehkraft herrührenden Ungleichförmigkeitsgrades δ_r und verschiedene Werte des Ungleichförmigkeitsgrades δ_b der Beharrungskräfte.

$$\delta_b = 0{,}25 \qquad \delta = \delta_r + \delta_b = 4{,}3 + 0{,}25 = 4{,}55 \text{ vH.}$$
$$\delta_b = 5{,}7 \qquad \delta = \delta_r + \delta_b = 4{,}3 + 5{,}7 = 10{,}0 \quad ,,$$
$$\delta_b = 10{,}7 \qquad \delta = \delta_r + \delta_b = 4{,}3 + 10{,}7 = 15{,}0 \quad ,,$$

Die Kurven entsprechen den Gleichungen

$$\text{für } \delta = 4{,}55 \qquad n_t = n_0 + e^{0{,}204\,t}[2{,}52 \cos 0{,}64\,t - 3{,}53 \sin 0{,}64\,t]$$
$$\text{für } \delta = 10{,}0 \qquad n_t = n_0 + e^{-0{,}45\,t}[2{,}52 \cos 0{,}498\,t - 3{,}3 \sin 0{,}498\,t]$$
$$\text{für } \delta = 15{,}0 \qquad n_t = n_0 + [-6{,}3\, e^{-0{,}604\,t} + 8{,}52\, e^{-0{,}746\,t}].$$

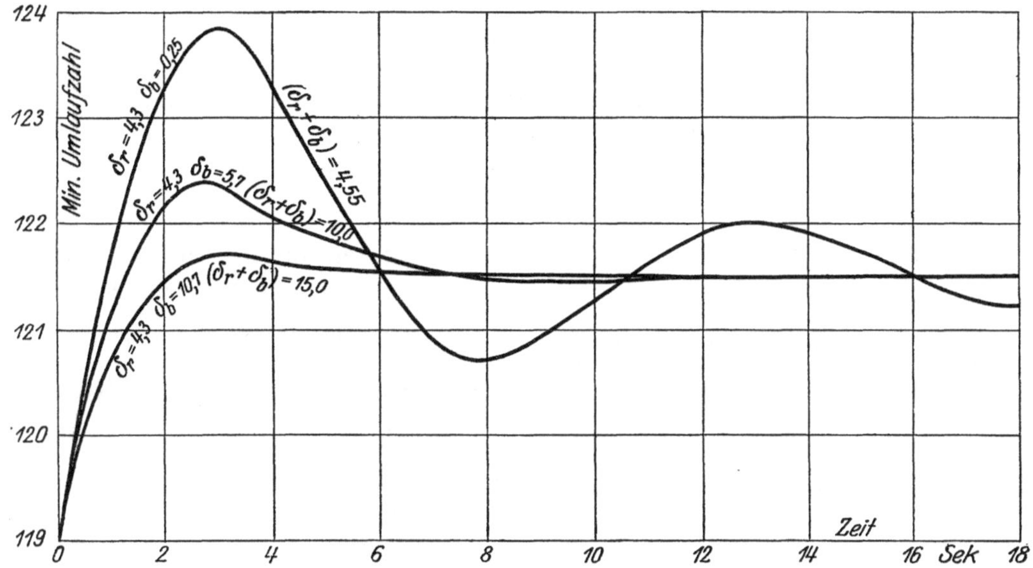

Abb. 82. Änderung der Umdrehungszahl von Trägheitsreglern bei konstantem Ungleichförmigkeitsgrad δ_r und verschiedener Trägheitswirkung δ_b.

Für einen Regler ohne Trägheitswirkung geht die Bewegung bei $\delta_r = \delta_g$ von der pendelnden in aperiodische Bewegung über und der Dämpfungsfaktor ist $\beta = \delta_r \frac{C_m}{Ka}$, während sich beim Trägheitsregler dieser Übergang bei $(\delta_r + \delta_b) = \delta_g$ vollzieht und der Dämpfungsfaktor β die Größe erhält $\beta = (\delta_r + \delta_b)\frac{C_m}{Ka}$. Es spielt also für den Regler mit Trägheitswirkung die Summe $(\delta_r + \delta_b)$ für die beiden Größen δ_g und β dieselbe Rolle wie δ_r für den reinen Fliehkraftregler. Das gleiche gilt auch, da α von dem Ungleichförmigkeitsgrad unabhängig ist, für die Größe $\gamma = \sqrt{\beta^2 - \alpha^2}$ und damit für die Schwingungsdauer $T_p = 2\,\pi/\gamma$.

Trotz dieses einfachen Zusammenhanges können die Kurven der Reglerbewegung und der Umdrehungszahl für einen Trägheitsregler und für einen reinen Fliehkraftregler, für die $(\delta_r + \delta_b)$ bzw. δ_r je den gleichen Teil x von δ_g ausmachen, nicht vollständig miteinander zur Deckung gebracht werden, Abb. 82. Die Kurven für den Trägheitsregler erreichen nämlich ihr erstes Maximum früher wie die des Fliehkraftreglers. Aus den Entwicklungen S. 86 geht hervor, daß mit Zunahme von δ_b im Vergleich zu δ_r der Zeitpunkt für das Maximum näher an $T_p/4$ heranrückt. Wird $\delta_b > \delta_r$, so ist der Zeitpunkt des Maximums sogar kleiner wie $T_p/4$. Mit der Vergrößerung des Anteils der Trägheitswirkung an der Verstellkraft des Reglers fällt also das Maximum der Regelkurve früher. Diese Tatsache ist an sich leicht verständlich, da bei gleichem $\delta = (\delta_r + \delta_b)$, δ_r mit Vergrößerung von δ_b abnimmt, d. h. die der Verstellbewegung entsprechende Erhöhung der Umdrehungszahl wird geringer, und die Regelung spielt sich bei gleicher Anlaufzeit der Maschine rascher ab.

Reglerbewegung und Umdrehungszahl gingen bei $\delta_g = (\delta_r + \delta_b)$ von der periodischen Schwingung in aperiodischen Charakter über. Dies ist jedoch nicht gleichbedeutend damit, daß Reglerweg und Umdrehungszahl nur zwischen den Endwerten liegende Größen annehmen können.

Für aperiodische Bewegung $\beta > \alpha$ ist der Reglerweg

$$z = \frac{1}{2\gamma}[v_0 + (\beta + \gamma) z_0] e^{(-\beta+\gamma)t} - \frac{1}{2\gamma}[v_0 + (\beta - \gamma) z_0] e^{(-\beta-\gamma)t} \quad . \;.\;. \quad (10)$$

und die Umlaufzahl

$$n_t = n_0 \pm \frac{n_m}{2\gamma} \cdot \frac{z_0}{a}\left[\left((\beta+\gamma)\delta_r - \frac{1}{T}\right) e^{(-\beta+\gamma)t} - \left((\beta-\gamma)\delta_r - \frac{1}{T}\right) e^{(-\beta-\gamma)t}\right]. \quad (11)$$

Sowohl z wie $(n_t - n_0)$ sind in diesen Gleichungen von der neuen Stellung aus gerechnet. Die Bedingung dafür, daß die neue Stellung nicht überschritten wird, ist daher die, daß weder z noch $(n_t - n_0)$ ihr Vorzeichen wechseln. Da γ stets positiv ist, ist immer

$$-\beta + \gamma > -\beta - \gamma,$$

d. h. das letzte Glied der Gleichungen nimmt mit der Zeit rascher ab wie das erste.

Da bei $t = 0$ in Gl. (10) für die Reglerbewegung z die algebraische Summe der Konstanten $\frac{1}{2\gamma}[v_0 + (\beta+\gamma) z_0]$ und $\frac{1}{2\gamma}[v_0 + (\beta - \gamma) z_0]$ gleich z_0 sein muß, und in Gl. (11) für die Umdrehungszahl die algebraische Summe der Konstanten $\frac{1}{2\gamma}\left[(\beta+\gamma)\delta_r - \frac{1}{T}\right]$ und $\frac{1}{2\gamma}\left[(\beta-\gamma)\delta_r - \frac{1}{T}\right]$ gleich δ_r sein muß, wird das Vorzeichen in Gl. (10) und (11) wechseln, d. h. die neue Gleichgewichtslage überschritten, wenn die erste Konstante kleiner ist wie die zweite und umgekehrtes Vorzeichen besitzt. (Dies ist beispielsweise der Fall in der Gleichung für $\delta = 15$ v. H., S. 87). Haben beide Konstanten gleiches Vorzeichen oder ist die erste Konstante größer wie die zweite, so tritt kein Vorzeichenwechsel, also auch keine Überschreitung der neuen Gleichgewichtslage ein. Diese Überschreitung ist somit gebunden an die Bedingung, daß die erste Konstante zu Null oder negativ wird.

Für die Reglerwegkurve bedeutet dies, daß

$$v_0 + (\beta+\gamma) z_0 = 0$$
$$v_0 + \beta z_0 = -\gamma z_0.$$

Im Grenzfalle $\delta_r + \delta_b = \delta_g$ wird $\beta = \alpha$ und $\gamma = 0$. Für diesen Fall ist also

$$v_0 + \beta z_0 = 0$$
$$v_0 = \beta z_0$$
$$2\,\delta_b z_0 \frac{C_m}{Ka} = (\delta_r + \delta_b)\, z_0 \frac{C_m}{Ka}$$
$$2\,\delta_b = \delta_r + \delta_b$$
$$\delta_r = \delta_b$$

Für die Umdrehungszahl ergibt sich entsprechend:

$$(\beta+\gamma)\,\delta_r - \frac{1}{T} = 0$$

$$\beta\,\delta_r - \frac{1}{T} = -\gamma\,\delta_r.$$

Für $\delta_r + \delta_b = \delta_g$ wird wiederum $\gamma = 0$, also

$$\beta\delta_r - \frac{1}{T} = 0$$

$$\beta\delta_r = \frac{1}{T}$$

$$\beta = (\delta_r + \delta_b)\frac{C_m}{Ka}$$

$$\beta^2 = \alpha^2$$

$$(\delta_r + \delta_b)^2 \frac{C_m^2}{K^2 a^2} = \frac{2}{T}\frac{C_m}{Ka}$$

$$\frac{1}{T} = (\delta_r + \delta_b)^2 \frac{C_m}{2Ka}$$

$$\delta_r(\delta_r + \delta_b)\frac{C_m}{Ka} = (\delta_r + \delta_b)^2 \frac{C_m}{2Ka}$$

$$2\delta_r = \delta_r + \delta_b$$

$$\delta_r = \delta_b.$$

Hieraus geht hervor, daß in dem Grenzfalle $\beta = \alpha$ sowohl Reglerbewegung wie Umdrehungszahl in die neue Gleichgewichtslage übergehen, ohne andere Werte als die zwischen der ursprünglichen und endlichen Lage anzunehmen, solange $\delta_b < \delta_r$ bis zu der Grenze $\delta_b = \delta_r$. Wird $\delta_b > \delta_r$, so ist die Bewegung allerdings auch aperiodisch, aber es tritt trotzdem eine Überschreitung der neuen Gleichgewichtslage ein, wie dies beispielsweise in Abb. 82 die Kurve für $\delta_b = 10{,}7$ vH., $\delta_r = 4{,}3$ vH., mit einem Totalwert $\delta_g = 15$ vH. (entsprechend $\beta = \alpha$) zeigt. Die Überschreitung ist jedoch gering. Der Fall $\delta_b > \delta_r$ hat praktische Bedeutung nur dann, wenn δ_r sehr klein, Null oder negativ ist. Es ist selbstverständlich, daß für $\delta_r = 0$ eine Überschreitung der Umdrehungszahl eintritt, selbst wenn $\delta_b > \delta_g$ sein sollte, indem die Umdrehungszahl gezwungen ist, bei der Entlastung zu steigen, bei der Belastung abzunehmen, gleichgültig wie groß δ_b wird.

Der Vergleich der Kurven für $\delta_r = 10$ vH. und $\delta_r = 15$ vH. in Abb. 79 mit den Kurven $(\delta_r + \delta_b) = 10$ vH. und $(\delta_r + \delta_b) = 15$ vH. in Abb. 82 zeigt im übrigen, daß die Abweichung im Charakter der Kurven nur gering ist. Es geben daher — von ganz extremen Verhältnissen abgesehen — auch für den Trägheitsregler die dem Werte $x = \frac{\delta_r + \delta_b}{\delta_g}$ entsprechenden Kurven der Abb. 80 und 81 einen guten Anhalt für den Verlauf des Regelvorganges, der für den gewählten Ungleichförmigkeitsgrad $x\delta_g$ zu erwarten ist.

8. Übersicht über den Berechnungsgang eines Exzenterreglers.

Den Ausgangspunkt für die Berechnung eines Exzenterreglers bildet der Entwurf der Steuerung und die Festlegung der Verstellkurve unter Berücksichtigung des Verstellbereichs der Steuerung und der Art der Exzenterverlegung.

Die Wahl des Reglerschemas hat von den durch den Einbau in die Maschine gegebenen Bedingungen auszugehen (Durchmesser der Reglerwelle, verfügbarer Raum für Reglerdurchmesser und Breite, Lage des oder der anzutreibenden Exzenter, Form und Größe der Verstellkurve usw.). Bei Wahl des Schemas ist anzustreben, größere Zapfenbelastungen, sowie prismatische Führungen zu vermeiden, da die durch das Eigengewicht der Reglermassen und die Steuerungsrückdrucke hervorgerufenen Kräfte ausreichen, um die für die Regelung notwendigen inneren Widerstände zu erzeugen (S. 56).

Der Ausschlag des Reglerschwerpunktes ist klein zu halten, da nach S. 61 mit Abnahme des Ausschlages die Empfindlichkeit der Regelung zunimmt. Die Verkleinerung des Ausschlages bedingt allerdings zur Erzielung eines bestimmten Arbeitsvermögens eine entsprechende Vergrößerung der Reglergewichte, da im Ausdrucke für das Arbeitsvermögen $C_m \cdot a$ eine Verkleinerung von a eine entsprechende Vergrößerung von C_m bedingt.

Die Anordnung der Gewichte muß, wenn möglich, so erfolgen, daß die Trägheitswirkung der Reglermasse die Verstellbewegung unterstützt. (Bei Pendelreglern ist das der Fall, wenn der Schwerpunkt des Schwungpendels dem Aufhängepunkte vorauseilt wie Abb. 13.) Die Ausnutzung der Trägheitsmasse hat besondere Bedeutung für Maschinen mit geringer eigener Schwungmasse, während sie bei Maschinen mit sehr großen Schwungrädern ($\delta_s \leqq 1:250$) ziemlich bedeutungslos wird (S. 55).

Die Berechnung der Reglerabmessungen geht aus von den durch die rückwirkenden Kräfte der Steuerung hervorgerufenen Pendelungen im Regler. Zu deren Berechnung werden zunächst die in der Steuerung auftretenden Reibungs- und Massenkräfte bestimmt und ihre Komponenten P_1 in Richtung der Verstellkurve für eine Umdrehung abhängig von der Zeit ermittelt (S. 21).

Aus diesen Werten werden durch analytische oder zeichnerische Integration die Mittelwerte P_r^m der rückwirkenden Kräfte für die Außenlagen und eine mittlere Stellung des Reglers bestimmt (S. 22) und in Abhängigkeit von der Abwicklung der Verstellkurve aufgezeichnet. Das Moment der mittleren Kräfte wirkt im Regler meistens dem Fliehkraftmoment entgegen und ist bei der Federberechnung zu berücksichtigen.

Für die mittlere Lage des Reglers werden die gegenüber der Mittelkraft P_r^m überschießenden Kräfte $(P_r - P_r^m)$, welche Pendelungen des Reglers hervorrufen, für eine Umdrehung abhängig von der Zeit aufgezeichnet (S. 23). Die Momentwirkung M_r dieser Kräfte ist abhängig von dem Übersetzungsverhältnis zwischen Exzenter und Schwungmasse und äußert sich in einer periodischen Beschleunigung und Verzögerung der Reglermassen (vom Trägheitsmoment J_r)

$$M_r = J_r \cdot \frac{d\omega_r}{dt}.$$

Durch Integration der Beschleunigungskurve berechnet sich für einen Pendelregler die periodische Änderung der Winkelgeschwindigkeit der Reglerpendel zu

$$\omega_r = \frac{1}{J_r}\int M_r dt + C_1$$

und durch nochmalige Integration der Winkelausschlag

$$\alpha = \int \omega_r dt + C_2.$$

In diesen Gleichungen sind die Integrationskonstanten C_1 und C_2 gleich den mittleren Diagrammhöhen der Geschwindigkeits- und Pendelwegkurven.

Bei dieser Ableitung bleibt die Eigenreibung des Reglers zunächst unberücksichtigt. Infolgedessen werden die berechneten Pendelungen sich größer ergeben wie die wirklich auftretenden Pendelungen, doch ist nach S. 24 und Abb. 25 bei Reglern mit geringer Eigenreibung der Unterschied sehr gering, so daß diese vereinfachende Annahme gerechtfertigt erscheint.

Durch eine Annahme über die Größe der zulässig zu erachtenden größten Pendelung wird das Trägheitsmoment J_r der Reglermassen festgelegt. Bei Bestimmung der Pendelung ist zu beachten, daß die Reglermasse sich um so kleiner ergibt, je größere Pendelung zugelassen wird. Auf der anderen Seite bewirkt größere Pendelung einen unruhigen Gang des Reglers und stärkere Abnützung der Regler- und Steuerungszapfen. Auch kann die Diagrammform (insbesondere der Füllungsausgleich beider Zylinderseiten) durch zu große Pendelungen beeinträchtigt werden. Als vorläufige Annahme kann als größter Unterschied zwischen größtem und kleinstem Ausschlag etwa 10 v. H. der Länge der Verstellkurve zugelassen werden, ein Wert, der jedoch bei größerer Länge der Verstellkurve zu hoch sein dürfte, während er bisweilen wohl auch noch überschritten werden kann.

Die Größe des Trägheitsmomentes der Reglermassen liefert für die im Reglerschema angenommenen Abmessungen die mittlere Fliehkraft des Reglers C_m und durch deren Multiplikation mit dem radiellen Schwerpunktsweg a das Arbeitsvermögen $C_m \cdot a$.

Mit Kenntnis des Arbeitsvermögens ist es möglich, die Federkräfte zu berechnen, indem in bekannter Weise das Moment der Fliehkraft M_g der Summe aus Federmoment und Moment der mittleren rückwirkenden Kräfte gleichgesetzt wird. Diese Berechnung ist für verschiedene Lagen des Reglers unter Berücksichtigung des erwünschten Ungleichförmigkeitsgrades vorzunehmen, wobei bekannte zeichnerische Methoden Anwendung finden können.

Um nun zu untersuchen, inwieweit der Regler die hinsichtlich Regelfähigkeit, Empfindlichkeit und Stabilität zu stellenden Forderungen erfüllt, sind im Anschluß an den Entwurf die bei der Belastungsänderung zu erwartenden Bewegungs- und Umdrehungszahlskurven zu ermitteln und auf ihre Zulässigkeit nachzuprüfen. Diese Feststellung geht auf Grundlage der Untersuchungen in Abschnitt 7 von der Berechnung des Grenzwertes des Ungleichförmigkeitsgrades

$$\delta_g = \sqrt{\frac{2}{T} \cdot \frac{Ka}{C_m}}$$

aus und erfolgt unter Benutzung der für jede beliebige Belastungsänderung gültigen Kurvenbilder Abb. 80 und 81 (S. 82).

In dem Ausdruck für δ_g entspricht:

$T =$ der Anlaufzeit der Kraftmaschine (einschl. der von ihr angetriebenen Schwungmassen).

$a =$ dem radiellen Ausschlag des Schwunggewichtschwerpunktes.

$C_m =$ der gesamten Fliehkraft des Reglers in Mittelstellung der Schwunggewichte und bei der zugehörigen Umdrehungszahl.

$K =$ dem Verhältnis $\frac{\text{Verstellkraft}}{\text{Reglergeschwindigkeit}}$ (bezogen auf den Ausschlag a).

Von diesen Größen ist $T = \frac{J\omega^2}{75\,N}$ (S. 12) aus der Trägheitswirkung J und Größtleistung N der Maschine zu berechnen. a und C_m sind aus der Berechnung des Arbeitsvermögens des Reglers und dem Entwurf des Reglers bekannt. Die Ermittlung von K stützt sich auf folgende Überlegung (S. 84):

Die Eigenreibung des Reglers liefert — wie in Abschnitt 4 eingehend erläutert — in Verbindung mit den rückwirkenden Kräften der Steuerung bei der Verstellung Widerstände, die der Geschwindigkeit der Verstellbewegung annähernd proportional sind. Zu Ermittlung dieser Widerstände ist zunächst die Eigenreibung R des entworfenen Reglers (bezogen auf den radiellen Schwerpunktsausschlag a) annähernd zu ermitteln, wobei die Angaben auf S. 23 einen gewissen Anhalt geben. Diese Eigenreibung R wird in Übereinstimmung mit der Darstellung Abb. 26 S. 28 in das für Mittellage des Reglers gültige Diagramm der pendelnden rückwirkenden Kräfte eingetragen, wobei letztere (die ursprünglich auf die Verstellkurve bezogen wurden), durch Einführung des Übersetzungsverhältnisses ebenfalls auf den Ausschlag a zu beziehen sind. Um nun den Wert K zu finden, wird für eine bestimmte einseitig wirkende Kraft nach der auf S. 27 erläuterten Methode die Kurve der Reglergeschwindigkeit für Belastung und Entlastung entworfen, und zwar für so viele Perioden, bis die Kurvenform sich unverändert wiederholt, d. h. die der Verstellkraft „zugehörige“ Geschwindigkeit sich einstellt. Das Verhältnis der in die

Berechnung eingeführten Verstellkraft zu dieser Reglergeschwindigkeit gibt die K-Werte für Belastung und Entlastung, deren Mittelwert in der weiteren Berechnung zu benutzen ist (siehe auch Anm. 1, S. 85).

Mit Einführung der berechneten Faktoren ergibt sich der Grenzwert δ_g des Ungleichförmigkeitsgrades, d. h. der kleinste Ungleichförmigkeitsgrad, bei dem aperiodischer Übergang von der ursprünglichen in die neue Gleichgewichtslage erreicht wird.

Dieser Ungleichförmigkeitsgrad δ_g wird mit einem Anteile

$$\delta_b = \frac{(i)}{2} \frac{J_r}{\varrho} \cdot \frac{\omega}{T} \cdot \frac{1}{C_m} \qquad \text{(S. 63)}$$

durch die Beharrungswirkung der Reglermassen erzeugt.

Wird im Betrieb des Reglers ein Ungleichförmigkeitsgrad durch Fliehkraft δ_r angestrebt, der zusammen mit dem unveränderlichen δ_b einem Werte $(\delta = \delta_r) + \delta_b = x\,\delta_g$ entspricht, so kennzeichnet die Kurve $x = \delta/\delta_g$ in Abb. 80 den zu erwartenden Reglerweg, und in Abb. 81 die Schwankung der Umdrehungszahl[1]).

Welche Schwankungen der Umdrehungszahl beim Belastungsübergang zugelassen werden können, ist von den Betriebsanforderungen der Antriebsmaschine abhängig. (Günstige Werte des gesamten Ungleichförmigkeitsgrades sind im allgemeinen die Werte, die größer sind als $0{,}6\,\delta_g$.)

Ergibt der beim Entwurf des Reglers angenommene Ungleichförmigkeitsgrad $\delta_r = (x\,\delta_g - \delta_b)$ zu ungünstige Reglerbewegungen oder zu große Schwankungen der Umdrehungszahl, und kann aus Betriebsrücksichten ein größerer Wert des Ungleichförmigkeitsgrades nicht zugelassen werden, so muß versucht werden durch eine Abänderung der Reglerkonstruktion den auf die Fliehkraft entfallenden Teil des Grenzwertes $(\delta_g - \delta_b)$ zu vermindern.

Hierfür bieten sich folgende Möglichkeiten:

1. Vergrößerung von δ_b, durch Vergrößerung der Beharrungswirkung im Regler. Diese hat jedoch nur Bedeutung für Maschinen mit kleinerer Schwungmasse und für den Fall, daß die Vergrößerung der Trägheitswirkung ohne Erhöhung der Eigenreibung des Reglers möglich ist (S. 55).

2. Verkleinerung von δ_g durch:

   a) Vergrößerung der Trägheitswirkung der Maschine, also Erhöhung der Anlaufzeit T, erreichbar durch Vergrößerung der Schwungmasse der Maschine.

   b) Verkleinerung des Ausschlages der Schwunggewichte, begrenzt dadurch, daß bei gleichbleibendem Arbeitsvermögen die Reglermasse entsprechend vergrößert werden muß, wodurch eine Erhöhung der Eigenreibung eintritt, und die Raumbeanspruchung des Reglers und seine Herstellungskosten erhöht werden.

   c) Verkleinerung der Eigenreibung des Reglers, als wichtigste Verbesserung, indem hierdurch der Faktor K vermindert und die Empfindlichkeit der Regelung erhöht wird.

   d) Vergrößerung der Rückdruckpendelungen, insoweit dies aus anderen Gründen zulässig erscheint, entweder durch Vergrößerung der rückwirkenden Kräfte der Steuerung oder durch Verkleinerung des Arbeitsvermögens des Reglers.

---

[1]) Ist δ_b groß im Verhältnis zu δ_g, so stimmen die Kurven nicht vollständig, und die Schwankungen sind nach den S. 64 und 78 angegebenen Gleichungen zu berechnen.